Chef's Series 2

Food Plating Technic+

Plate · Presentation · Skill

BAEKSAN

추천의 글

이론적 근거와 실무적 기술 그리고 더 나아가 평론할 수 있는 부분까지 담아 푸드 플레이팅을 깊이 있게 연구하고자 하는 분들이 다시 한 번 배움의 욕구를 불사를 수 있을 것 같다.

플레이팅!

저에게는 접시 위에 요동치는 색채의 번뜩임으로 오감을 깨우는 시각적 예술표현의 결과물이다. 눈으로 먹는 음식을 넘어 고객의 감성을 자극하고 치유할 수 있는 현대적 흐름으로 플레이팅은 변화하고 있다. 현대적 감각과 과거의 추억을 회상시키는 레트로 감성을 유발하는 화려한 기술을 표현하는 영역이 플레이팅이다. 이런 시대에 맞는 플레이팅을 따라가기 위해서는 원론을 이해하고 시대에 맞게 형체를 예술적 감성으로 다각도로 이해하는 것이 필요하다.

이 책은 맛깔나게 만들고 표현하는 방법을 고스란히 담고 있다.

파스타와 플레이팅을 가르치는 선생으로서 그동안 뚜렷한 플레이팅의 이론적 근거를 마련하지 못했으나, 플레이팅의 구분을 정확히 할 수 있고 이론적 근거와 실무적 기술 그리고 더 나아가 평론할 수 있는 부분까지 담고 있어 다시 한 번 배움의 욕구를 불사를 수 있을 것 같다.

본문에는 현재 활발하게 활동 중인 전문 셰프들이 각자의 디자인과 색채감성으로 캔버스에 터칭을 했고 하나씩 예시를 들어 쉽게 접근하고 있다. 더 나아가 셰프들은 자신의 요리를 주관적인 평가보다는 좀 더 근거에 맞는 객관적인 평가와 비평을 할 수 있도록 심도 있는 각도로 플레이팅에 접근하고 있다. 또한 현장 셰프들의 트렌디한 플레이팅

기법에 접목하여 화려한 레시피까지 갖추고 있어 실용서로써도 손색이 없다.

이 책은 체계적인 플레이팅을 넘어 예술적 평가를 아우를 수 있는 한 차원 높은 지침서가 될 것이다. 저자의 플레이팅에 대한 열정은 책장을 넘기면서 더욱 강하게 느낄 수 있는데, 오랜 준비기간이 아니었다면 느낄 수 없는 희열일 것이다. 학생들이 어떻게 하면 쉽게 이해할 수 있을지 고민하여 가르침의 미학을 펼치는 것이 확연하게 느껴진다.

여러분은 하나씩 이해하고 따라가면서 한층 더 업그레이드된 플레이팅에 놀랄 것이다.

-알폰소 파스타 공작소, 셰프 알폰소

Preface

'맛있는 음식을 만들고 멋있게 음식을 담는 솜씨'를 지닌 후배 조리사들이 많이 나왔으면 하는 소망으로 이 책을 2016년부터 준비했습니다. 약 4년 1개월 정도 고민하고 수정하고 삭제하는 과정을 거쳤습니다. 힘든 작업이었지만 우리 후배 조리사들이 바닥에서 시작하지 않고 좀 더 높은 단계에서 출발할 수 있는 기회를 줄 수 있다는 생각에 열심히 작업하였지요.

유럽은 음식을 하나의 문화로 인식하고 발전시켰으며 지금도 많은 관광객이 음식문화체험을 위해 혹은 조리기술을 배우기 위해 유럽과 일본으로 연수를 떠납니다.

한국 음식문화의 위상도 『미슐랭(미쉐린) 가이드 서울편』이 2016년 11월 7일 서울 중구 신라호텔에서 발간 기념회를 가짐으로써 전 세계에서 인정받게 되었습니다. 한국은 전 세계에서 28번째, 아시아에서 4번째 미슐랭 가이드가 발간된 국가가 되었습니다.

이것은 조리사들이 '음식의 맛' 과 '시각적인 아름다움'을 접시에 표현하고자 했던 땀방울의 결과라고 생각합니다.

앞으로 수많은 글로벌 스타 조리사들이 나오고 미슐랭(미쉐린) 가이드에 "3 스타(별)"
레스토랑이 많이 실리길 기대합니다.

여기에 실린 요리작품들은 20년 이상 경력의 특급호텔 셰프들의 도움으로 만든 것입니다.

알폰소의 파스타 공작소의 노순배 셰프, 신도림 디큐브시티 쉐라톤 호텔의 이종훈 팀장, 베스트 웨스턴 프리미어 구로 호텔의 김세환 셰프, 인터컨티넨탈호텔의 박창우 셰프, 밀레니엄 서울 힐튼의 김진종 셰프, 박형진 셰프입니다. 봉화 해오름농장의 최종섭 대표님, 백산출판사의 진욱상 대표님, 책의 디자인 수준을 높여주신 오정은 실장님, 교정을 꼼꼼히 보셔서 책이 세련되게 만들어주신 성인숙 과장님 감사드립니다. 부천대학교 김형렬, 조원길, 김영신, 유택용 교수님이 적극적으로 지원해 주셨습니다. 이 지면을 통해 감사인사 드립니다.

학교에서 『Chef's 푸드 플레이팅』을 가지고 한 학기 강의를 하면서 개선하고 보충하여

Food Plating Technic+와 Food Plating+라는 책을 내게 되었네요.

이 책을 통해 '맛을 강조하는 음식 담기'에 대하여 쉽게 이해하고, 쉽게 만들 수 있고, 쉽게 설명할 수 있는 능력 있는 조리사가 많이 나오길 희망합니다.

마지막으로, 푸드 플레이팅에 대한 이론적 체계가 미약한 상태에서 만든 책이기에 많이 부족하고 또한 오류가 있을 수 있습니다. 앞으로 계속 수정하면서 보완하도록 하겠습니다. 많은 이해 바랍니다.

참고로, 여기에 사용한 사진 중 일부는 그랜드 워커힐 호텔요리대회, 서울 국제요리대회 출품작, 롯데 호텔 신상품 발표 작품임을 밝힙니다.

-두 손 모아 모두의 성공을 비는 저자 올림

Contents

푸드 플레이팅을 위한
스톡과 소스

• 스톡은 단맛, 짠맛, 신맛, 매운맛, 쓴맛이 없는 중성의 맛을 가진다.
더불어 풍부한 풍미와 질감을 갖고 있다.

• 소스는 요리가 갖고 있는 미세하고 섬세한 맛의 차이를 통합한다.

• 소스는 음식에 맛과 색상을 부여하여 음식을 아름답게 하는 역할을
한다.

Food Plating
Technic

스톡 Stock

1. 스톡 Stock

스톡은 단맛, 짠맛, 신맛, 매운맛, 쓴맛이 없는 중성의 맛을 가진다. 더불어 풍부한 풍미와 질감을 갖고 있다.

스톡을 몇 시간씩 끓여 준비해 놓고 맛을 보면 맛도 냄새도 평범하다. 이 중립적인 맛이 모든 요리에 어울리는 맛의 기초가 된다. 스톡에는 설탕, 소금, 식초, 고추, 허브 등이 들어가지 않아 단맛, 짠맛, 신맛, 매운맛, 쓴맛이 없기 때문이다. 그래서 스톡에 아무것도 넣지 않고 먹으면 풍미가 그다지 좋지 않다. 단지 중립적인 맛이다. 더불어 풍부한 풍미는 살코기에서 우러나오고 질감은 도가니뼈 속의 콜라겐에서 추출한 것이다.

풍미는 살코기에서 추출한 아미노산과 감칠맛 성분 때문이고 질감은 뼈에서 추출한 젤라틴이 스톡에 스며들어 충분한 묵직함을 느끼게 한다.

스톡은 고기를 정선하고 남은 고기부위, 잡뼈, 채소 등을 오랜 시간 가열해서 아미노산 및 감칠맛 분자와 젤라틴을 뽑아낸 것이다.

고기는 근육과 단백질 섬유 및 수분으로 구성되어 있다. 단백질 섬유는 물에 녹지 않는다. 근육 중 물에 녹는 것은 무게 중심으로 10% 정도이다. 즉 콜라겐 1%, 그 밖의 세포 단백질 5%, 아미노산 및 감칠맛 분자 2%, 당과 그 밖의 탄수화물 1%, 칼륨과 인을 비롯한 미네랄 1%이다. 고기를 완전히 익히면 무게의 40% 정도가 육즙으로 추출되며 고기의 내부 온도가 70℃에 이르면 육즙의 유출이 멈춘다. 육즙의 대부분은 물이고 나머지는 아미노산 및 감칠맛 분자 같은 수용성 분자들이다.

뼈에는 콜라겐이 약 20%, 돼지 껍질에는 30%, 연골이 많은 송아지 도가니에는 40%까지 들어 있다. 뼈와 껍질은 고기보다 젤라틴을 추출하기 좋은 부위이다. 따라서 스톡을 농축하여 소스의 농도를 걸쭉하게 만드는 데 적합하다.

스톡 중 송아지 스톡이 가장 좋은 평가를 받는데 이는 감칠맛 나는 아미노산과 젤라틴 성분이 많고 맛이 평범해서 사용에 제한을 받지 않기 때문이다.

질 좋은 스톡이 프랑스 요리를 세계적으로 만든 것이다.

조리사는 스톡 제조과정 후 소스를 만든다.

형편없는 스톡을 만들면 사람의 기분을 상하게 하는 브라운 소스가 나오고, 좋은 브라운 소스가 없으니 당연히 데미글라스Demi-glace도 좋지 않다. 좋은 데미글라스 없이는 다양하고 좋은 파생소스도 없다. 질 좋은 스톡이 프랑스의 다양한 소스를 유지하게 만들었고 프랑스 요리를 세계적으로 만든 것이다.

스톡은 맑아야 하며 풍부한 풍미Glutamic acid와 질감Texture을 가져야 한다. 탁월한 풍미의 원천은 값비싼 고기이고 젤라틴의 공급원은 고기보다 가격이 저렴한 뼈와 껍질이다. 풍미가 좋고 비싼 스톡은 고기로 만든 것이고, 질감이 좋고 값싼 스톡은 뼈로 만든 것이다. 현재 주방에서 사용하는 스톡은 이것들을 적절히 섞어서 만든다.

2. 스톡의 정의

육류와 가금류 그리고 어패류의 고기, 뼈, 생선뼈 등을 채소, 향신료와 함께 물을 붓고 약한 불로 천천히 삶아 우려낸 국물이다. 이 스톡은 수프, 소스 제조과정에 중요한 재료가 되며, 스톡의 품질에 따라 수프, 소스의 세밀한 맛이 결정된다.

3. 스톡의 종류

스톡은 부용Bouillon과 퐁Fond으로 나눈다.

부용은 값비싼 고기에 찬물을 부어 은근히 끓여 만든 스톡이고, 퐁Fond은 뼈와 손질하고 남은 고기 부위, 채소를 이용해 만든 스톡이다. 부용은 미트 부용Meat Bouillon과 쿠르부용Court Bouillon으로 나뉜다.

Meat Bouillon은 값비싼 살코기에 찬물을 부어 은근히 끓여 만드는 스톡으로 Soup로도 사용되는 탁월한 풍미를 갖는 육수이다.

Court Bouillon은 '빠른 부용'이라는 뜻으로 '쿠르부용'이라고 한다. 쿠르부용에는 두 가지가 있다. 첫째, 물, 와인, 채소, 향료 등을 넣어 만든 채소 부용Vegetable Bouillon이다. 둘째, 어패류를 포칭Poaching 할 때 사용하는 생선 조리액으로 물, 채소, 식초, 향료 등을 넣어 만든다.

퐁Fond은 스톡을 뜻하는 불어이고 화이트 스톡과 브라운 스톡으로 나뉜다.

주재료를 데쳐서 찬물을 부어 은근히 끓인 것을 화이트 스톡이라고 한다.

화이트 스톡은 피시 스톡과 비프 스톡, 가금류를 이용한 스톡, 송아지 스톡으로 나눌 수 있다.

브라운 스톡은 뼈, 고기, 채소를 오븐에서 갈색으로 구워 찬물을 부어 은근히 끓여서 만든다.

비프 스톡은 8시간, 치킨 스톡은 4시간, 송아지 스톡은 6시간 동안 천천히 끓여야 젤라틴이 스며 나오고, 고기에서 구수한 풍미가 추출된다.

피시 스톡은 다른 스톡과 달리 30분에서 1시간 안에 약한 불에서 끓여야 한다.

피시 스톡을 30분에서 1시간 안에 약한 불에서 끓이는 이유는 두 가지 때문이다.

첫째는 장시간 스톡을 끓이면 생선 뼈에 있는 칼슘염이 스톡을 탁하고 뿌옇게 만들기 때문이고, 둘째는 생선의 콜라겐이 10~25℃에서 잘 녹고 섬세하여 쉽게 파괴되기 때문이다. 생선의 콜라겐은 송아지, 소고기, 돼지고기 같은 육류의 콜라겐과 다르게 교차 결합된 콜라겐이 적어서 비교적 연약하고 쉽게 파괴되며 훨씬 낮은 온도에서 녹고 용해된다.

소고기와 닭고기로 만든 스톡은 재료 고유의 풍미가 있어 독특한 맛이 난다. 반면에 송아지 고기로 만든 스톡은 중립적인 맛을 낼 뿐만 아니라 수용성 젤라틴 비중이 우수하여 스톡 중 가장 높게 평가

된다. 연골이 많은 송아지 도가니와 발에서 풍부한 젤라틴을 추출할 수 있다. 스톡은 스톡Stock, 더블 스톡Double stock, 트리플 스톡Triple stock으로 제조할 수 있다.

스톡은 일반제조과정을 거쳐서 만든다. 더블 스톡은 스톡에 한번 더 신선한 스톡재료를 넣어 제조한다. 트리플 스톡은 더블 스톡에 스톡재료를 다시 준비하여 첨가함으로써 제조한다. 더블 스톡과 트리플 스톡은 일반적인 스톡보다 풍미와 질감이 좋다.

글라스 드 비앙드는 젤라틴이 풍부한 진한 갈색의 반고형물의 양념이다. 20세기의 에스코피에와 21세기 제임스 피터슨은 글라스 드 비앙드 제조를 위한 브라운 비프 스톡 제조 레시피에 많은 젤라틴을 추출하기 위해 소 도가니뼈를 이용하였다. 글라스 드 비앙드에 토마토 페이스트를 첨가하는 것은 선택사항이다. 에스코피에{1902, 『Le Guide Culinaire』(요리의 길잡이)}, 제임스 피터슨의 레시피에는 토마토 페이스트가 첨가되지 않는다. 더욱 다양한 용도로 사용하기를 원하면 토마토 페이스트를 첨가하지 않는 것이 좋다. 토마토 페이스트를 첨가하지 않는 글라스 드 비앙드는 파생소스의 맛을 크게 변화시키지 않고 풍미와 질감을 강화시킬 수 있다. 브라운 스톡을 1/10로 농축하여 단단하고 투명한 젤리형태의 글라스 드 비앙드를 만든다. 여기에는 젤라틴이 다량 함유되어 있어 점성이 시럽 같고, 걸쭉하며, 농축된 아미노산과 감칠맛 분자들이 있어 맛이 풍부하고 진하다. 돼지 껍질이나 돼지 다리를 넣기도 한다.

글라스 드 비앙드는 소스에 풍미Savor와 묵직함Body, 투명한 브라운색Brown color을 첨가하기 위해 소량씩 사용한다.

4. 스톡을 이용한 소스 제조

데미글라스는 농후제의 첨가 유무에 따라 묽은 상태, 루를 첨가한 농도가 걸쭉한 상태, 스톡에 전분을 첨가한 가벼운 소스 상태의 3종류로 구분할 수 있다.

데미글라스는 브라운 스톡을 이용해 3가지 형태로 제조할 수 있다.

첫째, 브라운 스톡을 농축하여 진한 스톡 상태인 쿨리Coulis를 만들 수 있다. 브라운 스톡에 더욱 많은 고기를 넣어 젤라틴과 풍미가 풍부한 스톡을 추출한 것을 쿨리라 하고 이것을 트리플 스톡Triple Stock 혹은 농후제가 들어가지 않은 내추럴 데미글라스라고 한다.

둘째, 카렘과 에스코피에가 정의한 것으로 미국 CIA, 르 꼬르동 블루에서 가르치는 것으로 스톡에 루와 토마토 페이스트를 첨가하여 에스파뇰 소스를 만들고 스톡을 다시 넣고 조려서 만든 데미글라스가 있다. 루를 넣는 주된 이유는 경제성과 고도로 농축된 젤라틴의 끈적끈적한 농도를 피하면서 스톡의 풍미가 날아가지 못하도록 붙잡아두는 장점이 있기 때문이다.

셋째, 브라운 스톡에 전분을 풀어 농도를 낸 클래식 데미글라스를 만들 수 있다.

5. 스톡의 제조과정

1) 찬물로 시작하기
찬물은 식재료에 들어 있는 맛, 향 등의 성분을 잘 용해시켜 준다. 뜨거운 물로 시작하여 가열하면 스톡을 맑게 하는 알부민Albumin, 단백질Protein이 식재료 속에서 나오지 못하고 강한 열 때문에 고기, 뼈의 섬유조직이 파괴되어 스톡이 탁해진다.

2) 거품 제거하기Skimming
혼탁도를 줄일 수 있는 방법으로 향신료와 채소는 첫 거품을 제거한 후 넣는 것이 좋다.

3) 약한 불로 끓이기Simmering
85℃에서 95℃ 사이에서 은근히 끓여야 스톡을 맑고 풍미가 있게 만들 수 있다.

4) 채소와 향신료 넣기
채소는 스톡을 불에서 내리기 1시간 전에 넣고, 향신료는 불에서 내리기 30분 전에 넣어 주재료인 육수 맛을 가리지 않아야 한다.

5) 거르기 Straining

내용물이 가라앉은 상태에서 조심스럽게 스톡을 거른다.

6) 식히기 Cooling

스톡은 흐르는 찬물이나 얼음물에 빠르게 식히도록 한다.

7) 보관 Storing

냉장보관 : 2~3일 사용

냉동보관 : 약 4주 보관 가능

〈스톡 종류에 따른 조리시간〉

• Beef Bone : 8~12시간(8시간 standard)

• Chicken Bone : 2~4시간(4시간 standard)

• Veal Bone : 6~8시간(6시간 standard)

• Fish Bone : 30분~1시간(30분 standard)

소스 Sauce

1. 소스 Sauce

소스는 요리가 갖고 있는 미세하고 섬세한 맛의 차이를 통합한다.

서양요리의 기본 구성으로 주재료와 부재료, 소스 등을 들 수 있다. 이 중 소스는 음식 본연의 맛을 깊게 하고, 그 맛을 통해 다른 요리가 갖고 있는 미세하고 섬세한 맛의 차이를 통합하는 역할을 한다.

에스코피에는 프랑스 요리의 탁월함은 바로 소스 때문이라고 한다.

"소스는 요리의 핵심 요소이다. 오늘날 프랑스 요리의 우수함은 소스 때문이다."

소스는 스톡과 적당한 농도를 갖추기 위한 농후제의 결합으로 되어 있다. 농후제는 브라운 스톡을 조려 젤라틴이 풍부한 글라스 드 비앙드, 전분, 달걀 노른자, 밀가루, 버터 등을 말한다.

서양요리에서 소스는 맛이나 색을 위해 생선, 고기, 달걀, 채소 등 각종 요리의 용도에 적합하게 첨가하는 액상 또는 반유동상태의 배합형 액상 조미액을 말한다.

소스의 정의를 살펴보면 다음과 같다.

브리태니커 Britannica 백과사전에는 "음식을 조리할 때 넣거나 먹을 때 곁들이는 유동식 또는 반유동식 혼합물"로 되어 있다.

식품공전에는 "동·식물성 원료에 향신료, 장류, 당류, 식염 및 식초 등을 첨가하여 풍미 증진을 목적으로 사용하는 것"이라고 되어 있다.

Wikipedia에는 "In cooking, sauce is liquid or sometimes semi-solid food served on or used in preparing other foods(요리를 함에 있어 소스는 액체이거나 때로는 반고체 요리로 제공하거나 다른 요리를 준비하는 데 사용된다.)"라고 되어 있다.

소스는 요리와 궁합이 맞아야 한다.

서양요리에서 소스는 조리과정 중 식재료를 결합시키는 역할과 더불어 음식에 영양소를 공급하고 맛과 색상을 부여하여 음식을 아름답게 하는 역할을 한다. 그러므로 소스는 주재료와 맛과 향기, 색상, 영양소 등이 잘 어울려야 한다. 일반적으로 주요리가 흰색이면 흰색 소스, 갈색이면 갈색 소스를 제공하고 단순한 요리에는 영양이 풍부한 소스를 곁들이고, 영양이 풍부한 요리에는 단순한 소스를 곁들인다. 색이 안 좋은 요리에는 화려한 소스, 튀김같이 수분이 부족한 요리에는 수분이 많고 부드러운 소스를 사용한다. 이렇게 주요리와 소스의 맛 궁합이 잘 어울려야 한다.

소스에 첨가되는 재료 한 가지만 달라져도 소스는 엄격하게 재분류된다.

모체소스에 단맛, 짠맛, 신맛, 매운맛, 쓴맛을 내는 재료를 넣거나 어떻게 배합하는가에 따라 다양한 맛의 소스를 제조할 수 있다. 이렇게 제조된 파생소스들은 다시 한 번 재분류된다.

2. 소스의 기본 구성

소스는 스톡과 농후제의 결합으로 이루어진다.

1) 스톡Stock
스톡은 고기와 뼈에서 추출해 낸 육수이다.

요리사는 육수를 추출하고 농축시켜 두었다가 최종 요리를 익히는 데 쓰거나 스톡을 조려서 강하고 묵직한 풍미의 소스를 만드는 데 사용한다. 이러한 스톡과 농축액은 여전히 레스토랑 요리의 핵심이다.

농도를 내는 방법에는 크게 2가지가 있다.

첫째, 농후제인 루나 전분, 버터, 달걀 노른자 등을 첨가하여 걸쭉하게 한다.

둘째, 스톡을 조려서 농도를 걸쭉하게 하는 방법이다. 밀가루 농후제를 사용하기보다는 스톡 속의 젤라틴을 이용하는 것이다. 스톡을 조려서 만들기 때문에 젤라틴 함량이 많다.

2) 농후제Thickening Agents
농후제Thickening Agents는 두 개의 물질을 결합시켜 새로운 하나의 물질을 만드는 역할을 하며 사용

목적은 맛, 색깔, 농도를 조절하기 위함이다.

일반적으로 Butter, Roux, Cream, Egg Yolk, Starch 등이 이용된다.

(1) 전분을 이용한 농후제

① **전분**Starches

응집력과 광택이 훌륭한 농축제로서 Corn Starches, Arrow Root, Tapioca Starches, Rice 등이 있다.

    a. Rice는 맑고 투명한 소스에 사용하기는 어려우며 비스크 수프Bisque Soup 등 걸쭉한 수프 Thick Soup에는 루Roux 대신 사용하기도 하나 쉽게 변질되는 약점이 있다.

    b. Tapioca : 카사바나 매니악의 뿌리에서 추출한 녹말이다.

    c. Arrow Root : 칡의 일종, 칡가루, 갈분으로 비싼 편이다.

② **슬러리**Slurry

전분 같은 불용해물에 물을 섞어 놓은 것을 말한다.

전분을 찬물에 넣어 뜨거운 소스나 수프의 농도를 맞추는 역할을 한다.

(2) 단백질을 이용한 농후제

① **달걀 노른자** Egg yolk

달걀 노른자를 그릇에 담아 거품기Ballon Whisk로 쳐서 사용하며, 크림을 첨가하여 사용하기도 한다. 수프나 소스의 완성단계에 섞어서 사용하며, 절대 끓이면 안 된다.

② **블러드**Blood

일반적으로 돼지 피를 사용하며, 주로 산토끼나 들짐승 요리의 소스 농도를 내는 데 이용된다. 사용방법은 달걀 노른자와 비슷하다.

③ **버터**Butter

버터 속에 액체를 유화시킬 수 있는 성분들이 많다. 버터 몽테Butter Monte, 크림소스Cream Sauce 등 모든 소스에 이 방법을 사용하고 있다.

④ **크림**Cream

크림 속에 액체를 유화시킬 수 있는 성분들이 많아 루Roux 대신 농후제로 많이 사용한다. 주로 화이트 소스 계통에 많이 사용한다.

⑤ **리에종**Liaison

소스나 수프의 농도를 진하게 하는 농후제로 밀가루, 버터, 달걀 노른자, 전분, 녹말가루를 말한다.

흔한 예로, 달걀 노른자와 헤비크림Heavy cream을 1:3 비율로 혼합하여 소스나 수프의 농도를 맞출 때 사용한다.

⑥ **젤라틴**Gelatin

소뼈 중 도가니를 구워서 찬물에 넣고 끓여 젤라틴을 추출하거나 돼지 껍질 등을 첨가하여 젤라틴이 풍부한 스톡을 만든다. 오늘날과 같이 건강을 중시하는 웰빙시대에 스톡을 조려서 쓰는 조리장이 많다.

(3) 전분과 단백질 결합 농후제

① **루**Roux

밀가루와 버터를 동량으로 섞어 만드는 것으로 화이트 루, 블론드 루, 브라운 루가 있다. 화이트 루는 화이트 소스, 크림수프를 만들 때 사용하며 3가지 종류의 루 중에서 가장 강한 농후제이다. 블론드 루는 화이트 루보다 조금 더 색을 낸 것으로 캐러멜화가 시작되기 전까지 조리한다. 은은하게 퍼지는 고소한 향이 필요한 소스에 사용하며 블론드 색을 내는 데 사용한다. 브라운 루는 가장 짙은 갈색이며 브라운 소스를 만드는 데 사용하고 3가지 종류의 루 중에 가장 약한 농후제이다.

루Roux의 사용 시 주의사항은 뜨거운 루에는 따뜻한 우유를 넣어야 윤기나는 소스를 만들 수 있다는 것이다. 서양요리의 특징 중 하나가 모든 식재료의 조리조건이 비슷해야 하기 때문이다.

② **뵈르마니**Beurre Manie

밀가루와 Whole Butter의 비율을 1:1로 혼합하여 사용한다.

(4) 채소를 이용한 농후제

① **채소퓌레**Vegetable Purée

현대에 와서 많이 사용하며 향과 영양가치를 살릴 수 있는 장점이 있다.

3. 양식 소스의 분류

기존 5가지 모체소스의 분류방법과 색에 의한 분류방법, 기존 주재료에 의한 분류방법에서 서양 소스에 더욱 쉽게 접근할 수 있도록 분류하였다.

1) 양식의 기본 소스

모든 소스의 기본이 되는 소스는 크게 5가지로 구분할 수 있다.

모체소스Grand Sauce(Mother Sauce)

- Demi-Glace Sauce 갈색
- Veloute Sauce 블론드 색
- Béchamel Sauce 흰색
- Tomato Sauce 적색
- Hollandaise Sauce 노란색

2) 주재료에 따른 소스 분류

이 책은 주재료에 따라 소스를 분류하였다. 주재료와 첨가되는 재료에 따라 소스를 분류하면 각각의 소스에 대한 맛을 마음속에 그릴 수 있게 되고 소스를 쉽게 만들 수 있게 된다.

소스에 첨가되는 재료 중 한 가지만 달라져도 소스는 엄격하게 재분류된다.

4. 소스 종류

1) 브라운 소스군 Brown Sauce

브라운 스톡에 농후제를 첨가하거나 조려서 걸쭉하게 만든 소스이다.

대표적인 브라운 소스의 모체소스는 데미글라스이다.

데미글라스는 스톡과 도토리묵의 중간상태인 '하프 글라스' 상태이다.

데미글라스는 브라운 스톡과 브라운 소스를 50:50으로 섞어 조려서 만든 소스로서 사전적인 의미로는 풍부한 풍미를 갖는 브라운 소스Rich brown sauce이고 브라운 스톡에 향신료Aromatics를 넣고 조리는Reduce 개념도 가지고 있다.

데미글라스는 다양한 재료와 농후제, 여러 가지 향을 가미하여 수천 가지의 특별한 풍미와 뉘앙스를 가진 프랑스의 여러 브라운 소스를 위한 모체소스이다.

데미글라스에 레드와인, 화이트와인, 강화와인, 와인식초 등을 첨가하여 파생소스를 만들거나 리큐어를 첨가하지 않고 다양한 식재료를 첨가하여 파생소스를 만든다.

브라운 소스에 화이트와인, 레드와인, 강화와인, 와인식초 등을 첨가하여 파생소스를 만들 수 있다. 또한 와인이나 와인식초 등을 첨가하지 않고 브라운 소스의 파생소스를 만들 수 있다. 브라운 소스들의 이름이 다양한데 이것은 17세기부터 20세기까지 요리사들에 의해 불려진 것으로 어떠한 법칙에 의해 지어진 것이 아니라 요리사들의 기분에 의해 즉흥적으로 지어졌다. 그 후에 만들어진 소스 이름은 사용한 재료에 따라 쉽게 불리게 되었다.

레드와인을 첨가한 브라운 소스들

레드와인을 조린 후 데미글라스를 넣어 와인의 타닌과 향을 혼합하여 레드와인 첨가 브라운 소스의 모체소스를 만든다. 여기에 다양한 농후제나 가니쉬, 그리고 코냑과 허브를 첨가하여 소스를 만들게 된다. 레드와인에 데미글라스, 샬롯, 페퍼콘, 타임, 레몬주스 등을 넣으면 보르드레즈 소스가 되고 여기에 오리 간을 첨가하면 루에네즈 소스가 된다.

화이트와인을 첨가한 브라운 소스들

브라운 스톡을 만들 때 뼈를 구운 후 물과 화이트와인을 넣어준다. 이렇게 화이트와인이 들어간 브라운 스톡을 이용해 데미글라스를 만들어놓는다. 파생소스를 만들 때 들어가는 다양한 가니쉬(양송이, 허브, 양파, 트러플 등)들을 조리한 후 화이트와인을 첨가하여 조려서 데미글라스를 첨가하면 화이트와인을 첨가한 브라운 소스를 만들 수 있다. 양송이 슬라이스를 볶다가 코냑과 화이트와인을 넣고 조린 후 데미글라스를 넣고 농도를 조절하여 샤쇠르 소스를 만들 수 있다. 또한 소스팬에 타라곤과 화이트와인을 넣어 조린 후 데미글라스를 넣어 에스트라공 소스를 만들 수 있다.

강화와인을 첨가한 브라운 소스들

데미글라스에 마디라 와인을 첨가하여 조려서 만들면 마디라 소스가 되고 여기에 트러플을 챱하여 넣으면 피낭시에 소스가 된다. 데미글라스에 포트와인을 넣고 조리면 포트소스가 된다.

식초를 첨가한 브라운 소스들

식초를 첨가한 브라운 소스는 3종류로 나눌 수 있다.

첫째, 달콤하고 시큼한 가스트리크 소스를 기본으로 해서 만든 소스이다. 가스트리크는 설탕을 캐러멜화하여 와인식초를 넣고 녹여서 만든다.

둘째, 수렵용 고기를 와인식초로 마리네이드하여 사용하는 소스이다. 데미글라스에서 파생한 푸아브라드Poivrade 소스 계열이다. 이 소스는 수렵용 짐승을 허브, 미르푸아, 화이트와인으로 마리네이드한 후 고기를 트리밍Trimming해서 소스를 만든다. 주로 수렵용 고기에 사용된다.

셋째, 기타 종류로 구별되는 독특한 스타일의 식초 첨가 소스가 있다. 진가라 A 소스와 피컨트 소스이다. 진가라 A 소스는 화이트와인과 와인식초를 섞어 조린 후 데미글라스와 빵조각을 넣어 만든 소스이고, 피컨트 소스는 절인 오이와 화이트와인, 와인식초를 넣어 만든 소스이다.

와인과 와인식초를 첨가하지 않은 브라운 소스들

지금까지 소스에는 다양한 풍미를 주는 재료들을 첨가하여 만들었다. 예를 들면, 미르푸아, 샬롯, 햄, 양파, 레드와인, 화이트와인, 와인식초, 강화와인 등이 첨가되었다. 이러한 재료들의 첨가는 트러플이나 버섯같이 향이 좋은 재료의 풍미를 잃게 한다. 와인과 식초 등 부가적인 재료를 첨가하지 않고 데미글라스에 챱한 트러플이나 슬라이스 트러플, 버섯, 양송이 등을 넣어 만들게 된 뻬히귀오, 페리구르뎅, 샹피뇽, 이탈리엔 소스는 첨가재료의 풍미를 뚜렷이 살려내는 것들이다.

2) 화이트 소스 Derivative White Sauces

화이트 루를 바탕으로 한 벨루테Veloute와 베샤멜Bechamel

화이트 소스는 송아지, 닭 스톡을 이용한 소스와 피시 스톡을 이용한 소스로 구분하였다. 그 이유는 화이트 스톡이냐 피시 스톡이냐에 따라 생산되는 벨루테가 다르고 생산된 각각의 벨루테에서 파생

되는 소스가 다르기 때문이다.

(1) 벨루테Veloute

벨루테Veloute란 화이트 루White roux에 스톡Stock을 넣어 만든 대표적인 화이트 루 소스White roux sauce이다.

벨루테 소스를 풍미있고 부드럽게 만들기 위해서는 본래의 맛을 좌우하는 스톡의 품질이 중요하다. 스톡은 그 재료의 본래 맛이 부드러우면서 깊게 농축되어야 한다. 완성된 벨루테는 자연스러운 육수 향이 깃들어 있고 밝은 상아색을 띠며 맛이 깊어야 한다.

벨루테 소스는 크게 알망드(리에종 사용)와 슈프림(크림 사용) 그리고 기타로 구분할 수 있다. 알망드는 화이트 송아지 스톡, 화이트 치킨 스톡, 혹은 다른 화이트 스톡을 이용해 벨루테를 만든 뒤 달걀 노른자를 섞어서 만든다. 특히, 한국에서는 송아지 스톡을 이용해 만드는 것으로 알려졌다. 벨루테에 달걀 노른자를 넣어 농도를 맞춘 소스로 채소와 고기에 어울리는 소스이다. 양송이를 넣으면 샹피뇽 소스, 레몬을 넣으면 풀렛 소스, 화이트와인을 넣으면 레장스 소스, 양파를 넣으면 빌라주아즈 소스가 된다.

슈프림 소스는 화이트 송아지 스톡, 화이트 치킨 스톡, 혹은 다른 화이트 스톡을 이용해 벨루테를 만든 뒤 크림을 첨가하여 만든다. 특히, 한국에서는 화이트 치킨 스톡을 이용해 만든다. 치킨 벨루테 소스라고도 하며, 닭고기에 어울리는 소스로 닭의 구수한 향과 깊은 맛을 가지고 있다. 여기에 Meat Glace를 넣으면 이브아르 소스가 되고 페퍼를 넣으면 알뷔페하 소스가 된다.

그 밖에 벨루테에 첨가하는 재료에 따라 다양한 소스를 만들 수 있다. 커리를 넣으면 커리소스, 토마토를 넣으면 오로르 소스, 타라곤을 넣으면 에스트라공 소스가 된다.

(2) 베샤멜 Béchamel

초기 베샤멜은 송아지 벨루테에 진한 크림을 첨가하여 만들었고 카렘 이후 화이트 루에 우유를 넣어 소스 만드는 것을 베샤멜로 구분하였다. 우유와 루의 풍미가 지나치게 남아 있으면 좋지 않다.

Béchamel Sauce 만드는 방법은 모두 같고 용도에 따라서 묽은 것과 중간의 걸쭉한 것이 있는데 이는 밀가루의 양에 의해 구분된다.

Béchamel Sauce로써 생선이나 육류, 채소류를 코팅Coating하려면 평상시보다 농도가 조금 된 것이 좋다.

베샤멜에 양파퓌레를 넣으면 수비즈 소스, 크림을 첨가하면 크림소스가 되고 치즈를 첨가하면 모르네이 소스가 된다. 갑각류 버터 중 크레이피시 버터가 들어가면 낭투아 소스, 로브스터 버터가 들어가면 카르디날 소스가 된다.

(3) 버터, 달걀 노른자, 크림을 농후제로 사용한 화이트 소스

20세기 루(밀가루와 버터)의 사용을 자제하고 대안으로 사용하게 된 농후제가 버터, 달걀 노른자, 크림이다. 버터의 유분 속에는 소스를 농후하게 하는 성분이 많아 스톡을 조린 후 버터를 첨가하여 화이트 소스를 만들 수 있다. 또한 달걀 노른자와 크림을 이용하여 화이트 소스를 만들 수 있다.

3) 고전 생선 소스 Classic French Fish Sauces

생선소스에 이용할 수 있는 소스로는 피시 스톡을 바탕으로 한 벨루테 소스와 레드와인을 이용한 소스 그리고 쿠르부용을 바탕으로 한 생선 소스가 있다.

(1) 생선 육수를 바탕으로 한 벨루테

생선 육수에 루를 첨가해서 만든 고전적인 벨루테와 루를 사용하지 않는 현대적인 벨루테 소스가 있다. 에스코피에가 밀가루와 버터를 이용해 루를 체계화하여 사용한 이후 육수에 루를 첨가해서 소스의 농도를 맞추어 왔다. 이후 밀가루의 사용을 자제하고자 하는 누벨퀴진 운동이 일어났고 밀가루를 사용하는 대신 버터, 크림, 달걀 노른자를 이용하여 소스를 만들게 되었다. 이것을 보기 쉽게 정리하고자 루Roux를 첨가하여 만든 소스를 고전 벨루테라 하고 크림, 버터, 달걀 노른자를 첨가하여 농도를 맞춘 소스를 현대적인 벨루테 소스라고 부르도록 하겠다.

생선 벨루테 파생소스

생선 벨루테 소스는 첨가되는 재료에 따라 노르망디 소스, 앙슈아 소스, 크로베트 소스, 오마르 소스, 오로르 소스, 베르시 소스 등이 있다.

특히, 피시 스톡으로 만든 벨루테 소스에 갑각류 버터를 첨가하면 크로베트, 오마르 소스가 된다. 베샤멜 소스에 갑각류 소스를 첨가하면 낭투아 소스, 카르디날 소스가 되는데 이것과는 풍미가 전혀 다른 소스이다. 피시 스톡에 달걀 노른자를 첨가하여 홀랜다이즈 스타일의 생선 소스를 만들 수 있다.

여기에 다양한 재료를 첨가하여 바바루아 소스, 생말로 소스, 수셰 소스 등을 만들 수 있다.

(2) 레드와인을 첨가한 생선 소스

연어와 같이 독특한 풍미를 갖는 주재료와 어울리는 소스로는 레드와인을 이용한 생선소스가 있다. 연어뼈와 살에 레드와인을 첨가하여 풍미가 강하고 독특한 레드와인 생선소스를 만들 수 있다.

(3) 쿠르부용을 이용한 생선소스

생선 벨루테에 당근, 셀러리악, 대파로 만든 쿠르부용을 첨가하고 양송이와 카옌페퍼를 첨가하여 마틀로트 블랑슈 소스를 만들 수 있다.

4) 유화 소스 Emulsion Sauce

유화 소스의 '에멀전Emulsion'은 '젖을 짜다'라는 뜻의 라틴어 어원에서 나왔다.

원래는 견과류를 비롯한 식물조직과 열매를 압착해서 짜낸 우유처럼 생긴 액체를 말한다. 견과류에서 짜낸 액체, 우유, 크림, 달걀 노른자는 천연 유화액이다. 또한 버터도 유화제 구실을 하는 물질에 둘러싸여 있는 천연 유화제이다.

뜨거운 달걀 소스인 홀랜다이즈와 베어네이즈 및 파생소스들은 달걀을 유화한 버터소스이다.

이 소스들은 차가운 마요네즈와 비슷하지만 버터가 굳지 않도록 하기 위해 따뜻하게 유지해야 한다.

홀랜다이즈와 베어네이즈의 차이점은 양념에 있다.

홀랜다이즈는 레몬즙으로만 약하게 풍미를 내주는 반면, 베어네이즈는 와인, 식초, 타라곤, 샬롯 등을 넣고 조린 시큼하고 향이 짙은 농축액으로 만든다.

(1) 홀랜다이즈 소스Hollandaise Sauce

오래된 홀랜다이즈 레시피에는 식초 리덕션Vinegar reduction을 사용하는데, 최근에는 식초 리덕션을 사용하지 않고 레몬주스만을 넣는다.

오래된 홀랜다이즈 레시피에는 샬롯, 식초, 페퍼콘을 넣고 조려 향초물을 만든 뒤 중탕하여 달걀 노른자를 거품낸 후 정제버터를 실처럼 조금씩 넣어가면서 소스를 만든다.

마지막에 레몬주스를 넣어 색과 농도를 맞추어준다.

홀랜다이즈 소스에 오렌지 제스트Zest와 오렌지주스를 넣으면 말테즈 소스가 되고, 누아제트 버터(버터를 가열하여 갈색으로 만듦)를 첨가하면 누아제트 소스가 된다. 크림을 첨가하면 무슬린 소스가 된다.

(2) 베어네이즈 소스Bearnaise Sauce

타라곤, 식초, 페퍼콘, 샬롯, 화이트와인을 넣고 조려 타라곤 향초물을 만든다. 스테인리스볼에 중탕하여 달걀 노른자와 향초물을 섞어준 후 부풀어오를 때까지 계속 저어준다. 이후 정제버터를 실같이 부어가면서 젓는다. 마지막으로 타라곤과 처빌을 넣어준다.

베어네이즈 소스에 글라스 드 비앙드를 첨가하면 포요트 소스, 토마토를 첨가하면 쇼롱 소스가 된다.

베어네이즈 소스에 오일과 버터, 토마토퓌레를 첨가하면 티롤리엔 소스가 된다.

(3) 홀랜다이즈와 베어네이즈 소스 만드는 5가지 방법

소스를 만드는 방법에는 다음과 같은 5가지 방법이 있다.

첫째, 앙투안 카렘의 조리법으로 물 기반 재료와 달걀을 먼저 걸쭉한 농도로 익힌 다음, 통버터를 조금 떼어 넣으면서 저어 버터 지방을 유화시킨다.

둘째, 오귀스트 에스코피에의 방법으로 노른자와 물 기반 재료를 데우고, 통버터 혹은 정제버터를 넣어 저은 다음 혼합물을 원하는 질감이 될 때까지 저어준다.

셋째, 가장 간단한 방법으로 소스의 재료들을 한꺼번에 소스팬에 넣고 불을 켠 뒤 저어준다. 버터와 달걀에 열이 가해지면 버터가 서서히 녹으면서 달걀 속으로 퍼져가며 농도가 나온다.

넷째, 노른자를 익히지 않고 버터 마요네즈를 만드는 방법이다. 버터가 녹을 정도로 물 기반 재료와 노른자를 따뜻하게 만든 후에 정제버터를 넣어가며 농도를 내준다.

다섯째, 사바용 소스 제조방법으로 만든다. 가벼운 거품이 나도록 달걀 노른자와 물을 약간 중탕시켜 휘저은 다음 정제버터와 레몬즙을 넣어준다. 이 방법은 다른 제조방법보다 가벼운 소스를 만들 수 있다.

5) 마요네즈 소스Mayonnaise-Based Sauces

마요네즈는 달걀 노른자의 레시틴 성분이 기름 속의 물을 잡도록 한 반고체 소스로, 달걀 노른자, 레몬즙 또는 식초, 물, 겨자를 넣어 만든다.

마요네즈 첨가 재료 중 겨자는 마요네즈의 유화액을 안정시키는 입자와 탄수화물을 제공한다.

부피의 80%가 기름방울로 구성되어 있다. 이는 달걀 노른자에 있는 레시틴 성분이 기름 속의 물을 잡도록 돕기 때문이며 고전적인 레시피에는 달걀 노른자 1개에 1컵의 기름을 유화시키는 것으로 되어 있으나 달걀 노른자 1개로 10컵 이상의 기름을 유화시킬 수 있다.

모든 재료를 상온에서 보관했다가 마요네즈를 만든다.

마요네즈를 만들 때 달걀은 냉장고에서 꺼내 2~3시간 정도 상온에 보관했다 만드는 게 좋다.

모든 재료가 상온에 보관된 것으로 만드는 게 좋다. 재료들이 미지근해야 노른자 입자들의 유화제 성분들이 기름방울들의 표면에 빠르게 전달되어 소스가 쉽게 만들어지기 때문이다.

처음에 달걀 노른자와 소금만 넣고 핸드 믹서기를 돌리다가 뻑뻑해지면 나머지 재료인 레몬즙, 물, 겨자를 넣는다. 이렇게 하면 마요네즈가 뻑뻑하게 만들어진다.

마요네즈는 모체소스로 다양한 목적에 의해 파생 마요네즈 소스를 만들 수 있기에 확연히 구별되는 강한 향과 맛을 지닌 기름을 사용하지 않는다. 다음 표에서 보이듯 달걀 노른자에 레몬즙, 물, 그리고 종종 겨자로 구성된 기반 물질에 양질의 기름을 사용하여 만든다.

첫째, 채소 녹즙을 넣어 그린 마요네즈를 만들 수 있다. 시금치와 물냉이 그리고 파슬리를 데쳐 믹서기로 갈아 녹즙을 내서 마요네즈에 첨가하면 된다.

둘째, 마늘 페이스트를 넣어 마늘 마요네즈를 만든다.

셋째, 토마토퓌레와 붉은 피망을 넣어 앙달루즈Andalouse를 만든다.

넷째, 크림을 거품기로 쳐서 마요네즈에 넣어 샹티이Chantilly를 만든다.

다섯째, 케이퍼와 허브 등을 넣어 레물라드Rémoulade를 만든다.

여섯째, 다양한 머스터드를 첨가하여 머스터드 풍미의 마요네즈를 만든다.

일곱째, 사과퓌레와 호스래디시를 넣어 쉬에두아Suédois를 만든다.

여덟째, 달걀 노른자를 다져 넣어 타르타르와 그리비슈를 만든다.

오늘날에는 건강을 생각하여 강한 향과 맛을 지닌 좋은 품질의 기름을 사용하여 마요네즈를 만든다.

마요네즈 만들 때 사용하는 오일은 엑스트라 버진 올리브오일, 호두오일, 헤이즐넛 오일, 참기름, 포도씨오일, 땅콩오일 등이다. 헤이즐넛 오일을 넣어 마요네즈를 만들면 헤이즐넛 마요네즈가 된다. 마요네즈에 다양한 채소퓌레를 넣어 만들기도 하고, 요구르트 · 프레시 치즈를 넣어 만든 마요네즈에 커리파우더를 넣어 커리 · 요구르트 마요네즈를 만들기도 한다.

채소퓌레, 프레시 치즈, 크림치즈, 올리브오일에 삶은 감자를 넣어 달걀 무첨가 마요네즈를 만들어 사용하기도 한다.

6) 버터소스 Variations of Butter Sauces

버터는 소스의 풍미와 질감을 갖고 있어 소스로 사용된다. 즉 버터는 소스의 성질을 고루 갖고 있다. 버터를 입안에 넣으면 짙고 풍부하고 섬세한 풍미가 입안 가득 퍼지면서 긴 여운을 남긴다.

녹인 버터의 질감은 소스 농도와 같다. 녹인 버터의 농도 덕분에 물보다 느리게 움직이며 끈적끈적 하다. 그래서 녹인 버터는 전체 버터이든 수분을 제거한 정제버터이든 간소하면서도 맛있는 소스의 재료가 된다.

버터 속에는 유화제 구실을 하는 물질들이 있다.

이를 알고 선조들은 이 성질을 이용해 소스를 만들었다. 즉 물에 배출된 지방분자들이 물과 버터에 들어 있던 물방울들에 함유된 유화제 구실을 하는 물질들에 둘러싸여 '수중유적형Oil in Water' 유화액 이 되어 소스 농도가 나오게 된다.

'emulsion'은 '젖을 짜다'라는 뜻의 라틴어 어원에서 나왔다. 원래는 견과류를 비롯한 식물조직과 열매를 압착해서 짜낸 우유처럼 생긴 액체를 말한다. 우유도 유화액의 일종이고 이것으로 만든 버터 도 천연 유화액의 일종이다.

뵈르블랑 소스 Beurre Blanc-Type Sauce

뵈르블랑은 문자 그대로 '하얀 버터'로 풍미가 진한 식초와 와인 농축액에 버터 몇 조각을 넣고 저어서 만들며 크림 80%의 소스로 진한 크림과 비슷하다. 일단 농도가 나오기 시작하면 수분이 없는 정제버터를 첨가해 더 걸쭉하게 만들 수도 있다.

뵈르블랑은 58℃ 이상으로 온도가 올라가면 지방이 새어나와 물과 기름이 분리된다. 그러나 물방울에 함유되어 있던 유화제는 열에 내성이 있으며 보호막을 재형성할 수 있어 약간의 찬물을 붓고 빠르게 저어주면 복원된다. 뵈르블랑의 이상적인 보관온도는 52℃ 전후이며 뵈르블랑의 가장 치명적인 보관온도는 체온 이하로 차게 식히는 것이다. 유지방은 30℃에서부터 굳기 시작하며 소스를 다시 가열해도 복원되지 않고 기름과 물이 분리된다.

브로큰 버터소스 Broken Butter Sauces / 가열해서 갈색으로 만든 버터

브로큰 버터소스는 버터를 끓인 뒤 수분을 증발시켜 우유 고형분들이 갈색으로 변할 때까지 버터를 끓여서 사용하는데, 이렇게 하면 유지방에서 견과류 향이 난다. '헤이즐넛 버터'라는 뜻의 '뵈르 누아제트'와 '블랙 버터'라는 뜻의 '뵈르 누아르'로 부른다. 이렇게 버터를 갈색으로 가열하여 변화시킨 버터소스들로, 종종 뵈르 누아제트에 레몬주스를 첨가하고 뵈르 누아르에는 식초를 넣어 소스를 만든다.

컴파운드 버터와 휘프드 버터 Compound Butters & Whipped Butters

버터를 이용해 소스를 만드는 다른 방법으로 컴파운드 버터와 휘프트 버터가 있다.

컴파운드 버터는 혼합버터로 짙고 풍부한 풍미가 있는 버터의 반고형체에 다진 허브, 향신료, 갑각류의 알, 짐승의 간, 기타 여러 가지 재료를 넣어 만드는 것이다.

휘프트 버터는 말랑해진 버터를 휘저어 단단한 거품상태로 만든 뒤 육수나 조미액 등을 첨가하고 휘저어서 만든다. 즉 유화액과 거품이 결합된 형태로 만든다. 이렇게 풍미를 첨가한 버터를 고기나 생선 요리, 채소나 파스타 요리 위에 얹으면 진하고 맛좋은 요리가 된다.

7) 비네그레트 Vinaigrettes

비네그레트는 '식초'라는 뜻의 프랑스어에서 왔다.

비네그레트는 오일, 식초로 만든 뿌연 유화액 소스로 식초와 오일이 1:3의 비율로 만들어지는 것이 표준적인 비네그레트 혼합비율이다. 산의 맛이 비네그레트의 맛을 좌우하고 오일의 향을 능가한다. 그렇기 때문에 식초는 레드와인 식초, 화이트와인 식초, 발사믹 식초, 셰리와인 식초 등 질 좋은 식초를 사용해야 한다. 만약 우리나라 일반 식초를 사용한다면 산도가 높기 때문에 식초와 오일을 1:5의 비율로 하는 것이 좋다.

비네그레트는 '유중수적형Water in Oil', '수중유적형Oil in Water'의 종류가 있다.

'유중수적형Water in Oil'은 전통적인 방법으로 식초와 오일이 1:3의 비율이 되도록 하는 방법이다. 오일이 3배 더 많다.

'수중유적형Oil in Water'은 오일의 비중을 줄이고 물기가 많은 퓌레 같은 재료와 식초를 섞어 만들기 때문에 산성이 너무 높지 않으면서 흐름성이 좋은 비네그레트를 만들 수 있다.

콜드 비네그레트

콜드 비네그레트는 채소 샐러드에 뿌리는 간단한 비네그레트로 오일 · 식초 샐러드 드레싱이다. 일반적으로 프렌치 드레싱이라고도 한다.

콜드 비네그레트 3가지 만들기

콜드 비네그레트는 상당히 많다. 그중 대표적인 3가지를 소개하면 다음과 같다.

첫째, 비네그레트 혹은 프렌치 드레싱이라고 부르는 드레싱이다. 식초, 겨자, 오일, 소금 & 후추를 섞어서 만든다.

둘째, 크림이 들어간 비네그레트이다. 기본 비네그레트에 겨자, 소금 & 후추, 식초, 헤비크림, 엑스트라 올리브오일, 처빌찹을 볼에 넣고 저어서 완성한다.

셋째, 비네그레트에 다양한 재료를 넣어 파생 비네그레트를 만들 수 있다. 허니 · 머스터드 비네그레트는 마늘찹, 생강찹, 발사믹 식초, 꿀, 디종 머스터드, 간장, 일본 참기름, 엑스트라 버진 올리브오일, 가쓰오부시를 섞어서 만든다.

핫 비네그레트

핫 비네그레트는 고기나 생선을 그릴이나 브로일러에서 굽는 동안 발라주는 양념소스로 이용되거나 파스타, 곡식류, 채소, 콩을 양념하는 소스로 이용된다. 또한 디핑소스로 뜨겁거나 찬 전채요리 혹은 메인요리의 소스로 이용된다.

핫 비네그레트에 다양한 풍미를 낼 수 있는 올리브오일이나 견과류 오일, 녹인 버터, 고기의 육즙이나 스톡 농축액을 넣을 수 있다.

핫 비네그레트 3가지 만들기

첫째, 핫 토마토 비네그레트는 어패류에 사용하며 농축한 쿠르부용과 뜨거운 토마토 쿨리, 버터, 레몬주스 등을 섞어 만든 따뜻한 비네그레트이다.

만드는 방법은 샬롯과 마늘을 팬에 넣어 색이 나지 않도록 익힌 후 토마토를 넣어 토마토퓌레를 만들고 버터와 올리브오일, 레몬주스를 넣어 완성한다.

둘째, 웜 스위트 레드페퍼 & 마늘 비네그레트는 뜨거운 식초에 오일과 마늘퓌레, 마조람, 로스팅 육즙을 섞어 만든다.

셋째, 핫 헤이즐넛 & 파슬리 비니거는 블렌더에 뜨거운 고기 육즙과 식초, 파슬리, 헤이즐넛 오일을 넣고 갈아준 후 걸러서 완성하는 소스이다. 생선이나 고기 요리에 함께 제공한다.

8) 살사Salsas

살사Salsa는 에스파냐어로 소스라는 뜻이다.

살사류는 허브들, 채소들, 때때로 과일들을 찹하여 만든 멕시코 스타일의 소스이다.

살사류는 건강을 생각하는 시대적인 유행과 더불어 점점 더 인기가 높아지는 추세다.

멕시코 전통음식인 토르티야 요리에 빠지지 않고 들어가는 매콤한 맛을 내는 소스인 멕시코 살사는 잘게 썬 채소들이 결합된 것으로 핫 페퍼, 고수, 라임주스, 토마토가 주로 들어간다.

멕시코 살사소스는 살짝 익히거나 날것으로 조리하는 등 많은 변화를 줄 수 있다.

살사Salsa, 렐리시Relish, 처트니Chutney, 페스토Pesto, 퓌레Purée는 종종 통용되어 사용되기에 구분하기 어렵다. 만드는 방법에서의 차이점보다는 어느 나라의 음식이냐와 유래에 따라 구분한다고 생각하면 된다.

살사는 멕시코 스타일의 소스이다. 찹한Chopped 허브, 채소, 때때로 과일로 만들어진다.

렐리시는 살사와 비슷하다. 토마토, 오이, 고추, 양파 등을 피클링한 후 다진 것으로 고기요리, 햄

버거, 소시지, 핫도그 등에 강한 맛을 주기 위하여 음식에 얹어서 먹는 것이다. 소금물이나 식초에 절인 작은 오이, 케이퍼, 양파, 고추, 비트와 같은 재료를 섞어 다져서 만든다.

처트니는 인도에서 만들어진 음식과 곁들여 먹는 양념이다.

처트니는 3가지 형태로 나눈다. ① 설탕과 식초를 넣어 달콤하고 시큼하게 만든 것, ② 채소와 허브, 식초로 만드는 것, ③ 허브를 잘게 찹해서 만든 것으로 구분한다.

페스토는 이탈리아의 절구와 절굿공이라는 뜻의 'Pestle'에서 유래된 것이다. 바질, 치즈, 잣 등을 갈아서 만든다.

퓌레는 으깨기, 즉 과일이나 삶은 채소를 으깨어서 걸쭉하게 만든 음식이다.

9) 처트니 Chutney

처트니는 인도 음식과 곁들여 먹는 양념이다.

주로 애피타이저로 먹는 빵이나 난Naan 등에 다른 과일이나 해산물 등의 재료와 곁들여 먹는다. 풋 과일에 설탕, 식초, 향신료를 넣어 걸쭉하게 끓여 만든 것으로, 다양한 과일과 채소를 이용해 만들 수 있다. 특히, 잼이나 소스 대신 활용할 수 있다.

사과, 양파 등으로 만든 처트니 소스는 빵이나 과자에 발라 먹어도 맛있다. 샌드위치 만들 때 살짝 넣어주면 특별한 샌드위치를 만들 수 있다. 원래는 인도에서 왔으나 지금은 영국인들이 즐겨 먹는 아이템이 되었다.

인도의 가정에서는 제철에 구할 수 있는 채소와 과일로 매일 신선한 처트니를 만들어 먹는다.

10) 퓌레 Purée

퓌레는 으깨기, 즉 과일이나 삶은 채소를 으깨어 걸쭉하게 만든 음식이다.

퓌레는 재료를 익혀서 조직을 무르게 만든 다음 막자사발에 넣고 빻거나 짓이겨서 체에 통과시키거나 블렌더나 푸드 프로세서에 넣어 곱게 갈아 만든다.

퓌레 재료로는 토마토, 멕시코 가짓과의 토마티요, 마늘, 파프리카, 양파, 파슬리, 물냉이, 버섯, 콜리플라워, 뿌리 채소들, 견과류, 콩류 등이 있다.

(1) 퓌레의 질감을 세련되게 만들기 위한 4가지 방법

퓌레 입자를 곱게 만들기 위한 방법에는 4가지가 있다.

첫째, 블렌더나 막자사발을 이용해서 으깨거나 잘게 조각을 내준다. 푸드 프로세서는 으깬다기 보다는 얇게 편썰기를 한다고 보면 된다.

둘째, 체에 걸러내 작은 입자를 만들어준다.

셋째, 열을 가하여 세포벽이 물러지게 하여 작게 만든다.

넷째, 퓌레를 얼렸다가 해동시키면 얼음 결정들에 의해 세포벽이 손상되어 더 많은 펙틴과 헤미셀룰로오스Hemicellulose 분자들이 액체 속으로 배출되어 입자들이 고와진다.

(2) 퓌레를 진하게 하기 위한 2가지 방법

첫째, 퓌레를 약한 불로 오래 끓여 농축하는 것이다.

둘째, 묽은 유체를 고체들로부터 제거하는 것이다. 이때 묽은 유체는 따로 조렸다가 나중에 다시 합할 수도 있다. 아니면 과일이나 채소를 으깨기 전에 그 안에 든 수분을 제거하는 방법이 있다. 예를 들면, 토마토를 몇 등분으로 잘라 오븐에서 부분 건조하는 방법이다.

(3) 생퓌레와 익힌 퓌레들

① 생퓌레

생퓌레는 일반적으로 과일들과 토마토, 허브 및 생채소들로 만든다. 이러한 퓌레는 세포 내용물들이 서로 간에 또 대기 중의 산소와 섞여서 효소활동과 더불어 산화가 시작되어 색이 탁하게 변하거나 쉽게 쉬기 때문에 이것을 방지하기 위해 차게 보관한다.

바질잎으로 만든 이탈리아 퓌레인 바질 페스토는 바질과 마늘을 넣어 전통적으로 막자사발에서 분쇄한다. 여기에 유화액 역할을 하는 올리브 기름을 넣어 바질 페스토를 완성한다. 'Pesto'는 막자사발의 'Pestle'과 같은 어원에서 나왔다. 바질 페스토의 풍미는 바질잎이 어느 정도 철저하게 부서졌는지에 따라 풍미가 다르며 입자가 거친 페스토는 신선한 바질잎의 풍미에 가깝다.

② 익힌 퓌레

대부분의 퓌레들은 재료를 익혀서 조직을 무르게 만든 다음 세포를 부수어 소스를 걸쭉하게 만든다. 대부분의 채소들과 뿌리 열매들에는 수용성 펙틴이 풍부한 세포벽을 가지고 있다. 펙틴은 퓌레를 만드는 동안 물러진 세포벽 파편으로부터 나온다. 당근, 콜리플라워, 고추 등에는 펙틴이 풍부하다. 많은 뿌리채소와 덩이줄기채소들은 전분 알갱이가 많고 이것들은 채소 안의

수분 대부분을 흡수하여 걸쭉하게 만든다.

11) 디저트 소스 Dessert Sauce

디저트는 코스요리 마지막에 제공되는 요리이며 전체 코스 평가에 많은 영향을 미치기 때문에 더욱 화려하고 정성이 보이도록 연출해야 한다.

디저트 소스의 역할은 주재료의 맛을 향상시키고 디저트 상품의 품질을 돋보이게 하는 것이다.

디저트의 완성도에 따라 전체 코스요리에 대한 평가가 달라진다.

디저트로 제공될 수 있는 종류는 파이류, 과일류, 케이크류, 젤라틴류, 푸딩류, 아이스크림류, 셔벗류, 치즈류의 8가지 종류이다. 여러 종류의 디저트들은 어울리는 소스를 사용함으로써 디저트의 품질을 향상시킨다. 즉, 구색과 감미, 산미, 수분을 더해주고 색감을 좋게 하여 시각적인 아름다움을 만들어 디저트를 돋보이게 한다. 예를 들어 당도가 낮은 시큼한 과일의 경우는 크렘 앙글레즈Creme Anglaise나 사바용Sabayon 같은 감미로운 맛의 소스와 함께 제공하는 것이 좋다. 이러한 소스는 시큼한 과일의 신맛을 감소시킨다. 또한 케이크나 페이스트리와 같이 단 디저트에는 달지 않은 과일을 고아서 만든 쿨리Coulis 소스가 어울린다.

디저트 소스는 주재료에 따라 달걀 노른자를 이용한 소스, 초콜릿을 이용한 소스, 캐러멜을 이용한 소스, 과일을 이용한 소스로 구분한다.

달걀 노른자를 이용해서 만든 크렘 앙글레즈, 사바용 소스가 있고 초콜릿을 이용한 가나슈, 초콜릿 소스가 있다. 또한 설탕을 가열하여 만든 캐러멜을 이용해서 캐러멜 크림소스, 버터스카치 소스를 만든다. 과일과 설탕시럽을 이용해 만든 과일 쿨리Coulis가 있다.

소스와 퓌레, 젤, 젤리,
오일, 파우더, 폼, 에스푸마로
백그라운드 연출하기

────────

• 1970년대 프랑스 누벨퀴진에서부터 소스를 이용하여 접시를 꾸미기
  시작하였고, 현재도 조리사들이 이를 계승하여 소스와 퓌레, 젤, 오일,
  파우더, 폼, 에스푸마 등을 이용하여 다양한 연출을 하고 있다.

Food Plating
Technic

소스를 이용한
기본 플레이팅 기술

1970년대 프랑스 누벨퀴진에서부터 소스를 이용하여 접시를 꾸미기 시작하였고, 현재도 조리사들이 이를 계승하여 소스와 퓌레, 젤, 오일, 파우더, 폼, 에스푸마 등을 이용하여 다양한 연출을 하고 있다.

서양요리에서 소스는 음식의 맛을 살려주는 중요한 조미료인데 소스로 여러 가지 두께와 다양한 방향성(직선, 곡선, 여러 개의 직선, 포물선, 원, 나선, 윤곽·분할)을 가진 '선'을 그려서 시각적인 효과를 높이고 음식을 아름답게 보여주기도 한다.

소스를 접시에 곁들이는 방법은 다음과 같다. 첫째, 접시에 음식을 담기 전에 소스를 바닥에 부어주는 방법, 둘째, 접시에 음식을 담고 위에 소스를 부어주는 방법, 셋째, 도구를 이용하여 소스로 접시에 다양한 그림을 그리는 방법

• 소스를 접시 바닥에 깔아주는 방법 1

• 소스를 음식에 부어주는 방법 2

• 도구를 활용해서 소스로 그림을 그리는 방법 3

퓌레는 과채류를 으깨서 만드는 것으로 사이드 디시로 사용하거나 접시에 질감을 표현할 때 소스처럼 사용한다.

젤은 한천이나 잔탄검, 구연산, 과당을 과일퓌레나 채소퓌레와 섞어 우아하고 세련된 유동성이 있는 물성이다. 이것을 사용하여 세련된 백그라운드를 연출할 수 있다.

오일은 바질이나 빨강파프리카 등을 함께 갈아 착색시킴으로써 식재료의 풍미가 살아 있는 소스로 사용할 수 있다.

파우더는 요리에 시각적인 질감을 줄 수 있는 재료로 동결 건조한 딸기분말, 선인장 열매분말, 베이컨분말 등이 있다.

1. 플레이팅을 위한 준비

푸드 플레이팅을 하기 위해서는 작업테이블에 접시, 메탈 스푼, 스퀴즈 보틀, 붓, 원형틀, 작은 스패츌러, 집게, 대나무 꼬챙이가 필요하다. 이것을 기본으로 소스와 퓌레, 젤을 이용해 다양한 푸드 플레이팅을 할 수 있다.

소스와 소스를 이용한 배경 Backdrop 만들기

푸드 플레이팅에 필요한 소스와 기본 배경 만드는 방법을 제시하였다. 이를 참고로 나만의 음식 배경을 만들어보자.

1. 배경 만들기를 위한 소스 레시피

Orange sauce 오렌지 소스

재료

망고캔 200 grams, 오렌지 3 ea, 꿀 60 grams, 바질 5 grams, 레몬주스 20 grams
오렌지주스 200 grams, 소금(to taste)

준비물

스테인리스 소스팬 1개, 실리콘주걱 1개, 믹서기 1개, 고운체 1개

Introduce

1. 오렌지는 껍질을 제거하고 속만 정선하여 준비한다.

2. 소스팬에 망고캔, 오렌지, 오렌지주스, 꿀을 넣고 끓여준다.

3. 오렌지주스를 반으로 조린 다음 바질을 넣고 1분간 끓인 후 바질을 제거한다.

4. 믹서기에 3의 재료와 레몬주스 및 소금을 넣고 갈아 고운체에 내려 완성한다.

Yogurt cream sauce 요구르트 크림소스

재료

플레인요구르트 100 grams, 마요네즈 50 grams, 레몬주스 20 grams, 메이플시럽 20 grams, 소금(to taste)

준비물

스테인리스 소스팬 1개, 실리콘주걱 1개, 거품기 1개

Introduce

1. 믹싱볼에 플레인요구르트, 마요네즈, 메이플시럽을 넣고 잘 섞어준다.

2. 1에 레몬주스로 농도를 조절하고 소금 간을 하여 완성한다.

Caramel cranberry sauce 캐러멜 크랜베리 소스

재료

크랜베리 20 grams, 버터 5 grams, 화이트와인 비니거 10 grams, 스테이크 소스 60 grams, 소금(Optional)

준비물

스테인리스 소스팬 1개, 실리콘주걱 1개, 믹서기 1개, 고운체 1개

Introduce

1. 팬에 설탕을 넣고 녹으면 버터를 볶아 캐러멜색이 나도록 한다.

2. 1에 화이트와인 비니거와 크랜베리, 스테이크 소스를 넣고 조려낸다.

3. 설탕이 결정화되면 소량의 뜨거운 물을 넣어 풀어주고 조려서 농도를 잡은 뒤 체에 걸러 사용한다.

Aioli sauce 아이올리 소스

재료

올리브오일 100 grams, 머스터드 20 grams, 다진 마늘 20 grams, 달걀 노른자 1 ea, 레몬주스 45 grams
다진 파슬리 10 grams, 소금, 후추(to taste)

준비물

스테인리스 소스팬 1개, 실리콘주걱 1개, 거품기 1개

Introduce

1. 올리브오일과 달걀 노른자를 섞어 마요네즈를 만든다.

2. 1과 함께 모든 재료를 믹싱볼에 넣고 거품기를 이용하여 골고루 잘 섞는다.

3. 소금과 후춧가루로 맛을 조절하여 소스를 완성한다.

White wine sauce 화이트와인 소스

재료

양파 슬라이스 20 grams, 버터 20 grams, 화이트와인 50 grams, 생크림 200 grams, 소금(to taste)

준비물

스테인리스 소스팬 1개, 실리콘주걱 1개, 믹서기 1개, 고운체 1개

Introduce

1. 팬에 버터와 양파 슬라이스를 넣고 볶다가 양파가 투명색이 나면 화이트와인을 넣고 조린다.

2. 1에 생크림을 넣고 농도가 날 때까지 조린 뒤 소금 간을 하여 믹서기에 곱게 갈아 체에 내려 준비한다.

Saffron sauce 새프런 소스

재료

생선 벨루테 150 grams, 피시스톡 25 grams, 새프런 1grams, 생크림 50 grams
소금, 후추(to taste)

준비물

스테인리스 소스팬 1개, 실리콘주걱 1개, 믹서기 1개, 고운체 1개

Introduce

1. 팬에 피시스톡을 넣고 1/3으로 졸이다가 생선 벨루테와 생크림을 넣고 끓여준다.

2. 뭉근하게 끓어오르면 새프런을 넣고 소금, 후추로 간하여 농도가 나면 고운체에 걸러 완성한다.

Paprika sauce 파프리카 소스

재료

빨간 파프리카 150 grams, 올리브오일 15 grams, 양파 슬라이스 50 grams
마늘 5 grams, 레몬주스 10 grams, 채소스톡 100 grams, 소금, 후추(to taste)

준비물

스테인리스 소스팬 1개, 실리콘주걱 1개, 믹서기 1개, 고운체 1개

Introduce

1. 빨간 파프리카는 오븐에 구워 껍질을 제거한 뒤 슬라이스한다.

2. 팬에 오일을 두르고 다진 마늘, 양파 슬라이스를 넣어 투명해질 때까지 볶다가 파프리카를 넣고 볶아준다.

3. 2에 채소스톡을 넣고 끓이다가 농도가 나면 레몬주스와 소금 간을 한 뒤 믹서기에 갈아 고운체에 내려
   완성한다.

Rucola sauce 루콜라 소스

재료

루콜라 100 grams, 채소스톡 50 grams, 양파 슬라이스 30 grams, 올리브오일 20 grams, 생크림 20 grams, 소금, 후추(to taste)

준비물

스테인리스 소스팬 1개, 실리콘주걱 1개, 믹서기 1개, 고운체 1개

Introduce

1. 팬에 오일을 두르고 양파 슬라이스를 볶다가 정선한 루콜라를 넣고 약불에서 볶아준다.

2. 1에 채소스톡, 생크림을 넣고 끓여 소금, 후추로 간을 한 뒤 믹서기에 갈아 고운체에 내려 차갑게 바로
   식혀서 완성한다.

Ink sauce 잉크 소스

재료

감자메시 100 grams, 채소스톡 50 grams, 양파 슬라이스 30 grams, 올리브오일 10 grams, 오징어 먹물 10 grams

준비물

스테인리스 소스팬 1개, 실리콘주걱 1개, 믹서기 1개, 고운체 1개

Introduce

1. 팬에 오일을 두르고 양파 슬라이스를 볶아준다.

2. 1에 채소스톡, 감자, 오징어 먹물을 넣고 끓여 농도가 나오면 믹서기에 갈아 고운체에 내려 완성한다.

Horseradish cream sauce 호스래디시 크림소스

재료

호스래디시 50 grams, 마요네즈 100 grams, 다진 양파 20 grams, 레몬주스 10 grams, 소금, 후추(to taste)

준비물

스테인리스 믹싱볼 1개, 실리콘주걱 1개, 거품기 1개

Introduce

1. 믹싱볼에 위의 재료를 넣고 잘 혼합한 뒤 레몬주스로 농도를 조절하고 소금, 후추 간을 하여 완성한다.

2. 소스와 퓌레, 젤을 이용한 8가지 기본 모양

소스와 퓌레, 젤을 이용해서 만들 수 있는 8가지 기본 플레이팅 기술을 용어설명과 그림을 함께 배치하여 설명하고자 한다.

(1) 보편적인 점모양 Universal dots

스퀴즈 보틀에 퓌레소스를 넣고 접시에 점모양의 소스를 찍어 모양을 만들어놓는다.

(2) 반달모양 Half moon push

스테인리스 원형 몰드 안쪽 림(rim)에 스퀴즈 보틀을 이용하여 퓌레소스를 2/3 정도 짜준 뒤 스푼으로 밀어 모양을 그려준다. 그리고 원형 몰드를 제거하면 반달모양의 소스가 그려진다.

(3) 소용돌이치는 원형모양 Circular swirl

스퀴즈 보틀을 이용해 가운데 하나의 큰 점을 만들고 원형 뚜껑을 위에 덮은 다음 손가락으로 살짝 눌러준 후에 원을 그리듯 돌려 큰 원을 만들고 순간적으로 위쪽으로 올려 소용돌이치는 원형모양을 만든다.

(4) 점감적인 모양 Tapering lines

소스 끝이 점차로 가늘어지는 모양의 소스이다. 스푼에 퓌레소스를 가득 담아 접시에 직각이 되게 엎어놓고 나를 향하게 당겨 선을 만들면 된다. 한 개의 테이퍼링 라인을 만들던지 2개 이상의 선을 교차하여 만들어도 된다.

(5) 2개의 큰 점모양 Make 2 dots

스퀴즈 보틀로 3~4cm 떨어진 2개의 큰 점을 만들고 스푼으로 눌러 서로 마주보게 당겨 그림을 그린다.

(6) 지그재그모양 Zigzag line

스퀴즈 보틀을 접시에 올려 위아래로 직선을 지그재그로 그려 모양을 만든다.

(7) 무작위로 소스를 튀기는 모양 Splashes & splash randomly

스푼에 퓌레소스를 가득 담아 접시를 향해서 던지듯 튀겨 얼룩무늬를 만든다. 여러 번 반복하여 만들 수 있다.

(8) 눌러 찍어 사방으로 그린 모양 Swipe however

소스를 담은 스퀴즈 보틀로 접시에 여러 점을 그린 다음 스푼 끝으로 세게 눌러 사방으로 그린 모양이다.

1. 점모양
Universal dots

2. 반달모양
Half moon push

3. 소용돌이치는 원형모양
Circular swirl

4. 점감적인 모양
Tapering lines

5. 2개의 점감적인 모양
2 Swipe tapering lines

6. 지그재그 모양
Zigzag line

7. 소스를 튀기는 모양
Splashes & splash randomly

8. 대칭을 이루는 원형 도장모양
Symmetrical spheres

9. 눌러 찍어 사방으로 그린 모양
Swipe however

소스와 퓌레, 젤, 젤리, 오일, 파우더, 폼, 에스푸마로
백그라운드 연출하기

퓌레소스 레시피와
이를 이용한 배경 Backdrop 만들기

퓌레를 사용하여 플레이팅하면 시각적인 질감과 입체감을 표현할 수 있다.

1. 퓌레소스 레시피와 이를 이용한 플레이팅 기술 및 테크닉

Pea purée 완두콩퓌레

재료
냉동 완두콩 100 grams, 올리브오일 20 grams, 치킨스톡 60 grams, 소금, 후추(to taste)
첨가물: Xanthan gum

준비물
스테인리스 소스팬 1개, 실리콘주걱 1개, 믹서기 1개, 고운체 1개

Introduce
1. 팬에 올리브오일을 두르고 해동된 완두콩을 볶다가 치킨스톡을 넣고 끓인다.
2. 믹서기에 1을 넣고 소금 간을 한 뒤 갈아 잔탄검으로 농도를 조절하여 고운체에 걸러준다.
3. 스퀴즈 보틀에 넣어 사용한다.

Carrot orange purée 당근 오렌지퓌레

재료

당근 100 grams, 버터 20 grams, 오렌지주스 60 grams, 생크림 30 grams
소금, 후추(to taste)
첨가물: Xanthan gum

준비물

스테인리스 소스팬 1개, 실리콘주걱 1개, 믹서기 1개, 고운체 1개

Introduce

1. 팬에 버터를 두르고 당근을 슬라이스해서 볶다가 오렌지주스를 넣고 끓인다.
2. 당근이 다 익으면 생크림을 넣고 약불에서 10분 정도 끓여 소금 간을 한 뒤 믹서기에 갈아 잔탄검으로 농도를 조절하여 고운체에 걸러준다.
3. 스퀴즈 보틀에 넣어 사용한다.

Spinach purée 시금치퓌레

재료

시금치 100 grams, 소금, 후추(to taste)
첨가물: Xanthan gum

준비물

스테인리스 소스팬 1개, 실리콘주걱 1개, 믹서기 1개, 고운체 1개

Introduce

1. 시금치를 정선하여 끓는 물에 소금을 넣고 살짝 데쳐 얼음물에 담가 물기를 짠 뒤 칼로 썰어준다.
2. 믹서기에 물을 조금 넣고 데친 시금치를 넣은 뒤 곱게 갈아 소금 간을 하고 잔탄검으로 농도를 조절하여 고운체에 걸러준다.
3. 스퀴즈 보틀에 넣어 사용한다.

Cranberry purée 크랜베리퓌레

재료

건크랜베리 50 grams, 양파 20 grams, 올리브오일 10 grams, 오렌지주스 100 grams
메이플시럽 15 grams, 소금, 후추(to taste)

준비물

스테인리스 소스팬 1개, 실리콘주걱 1개, 믹서기 1개, 고운체 1개

Introduce

1. 건크랜베리를 미지근한 물에 20분간 불린다.
2. 팬에 올리브오일을 넣고 양파를 슬라이스하여 볶다가 불린 크랜베리와 오렌지주스를 넣고 약불에서 끓여준다.
3. 믹서기에 2를 넣고 메이플시럽, 소금 간을 하여 곱게 갈아 농도를 조절한 뒤 고운체에 걸러준다.
4. 스퀴즈 보틀에 넣어 사용한다.

Carrot purée 당근퓌레

재료

당근 100 grams, 버터 20 grams, 채소스톡 60 grams, 생크림 30 grams
소금, 후추(to taste)
첨가물: Xanthan gum

준비물

스테인리스 소스팬 1개, 실리콘주걱 1개, 믹서기 1개, 고운체 1개

Introduce

1. 팬에 버터를 두르고 당근을 슬라이스해서 볶다가 채소스톡을 넣고 끓인다.
2. 당근이 다 익으면 생크림을 넣고 약불에서 10분 정도 끓여 소금 간을 한 뒤 믹서기에 갈아 잔탄검으로 농도를 조절하여 고운체에 걸러준다.
3. 스퀴즈 보틀에 넣어 사용한다.

Red paprika purée 빨간 파프리카퓌레

재료

빨간 파프리카 150 grams, 채소스톡 60 grams, 메이플시럽 15 grams
소금, 후추(to taste)

첨가물: Xanthan gum

준비물

스테인리스 소스팬 1개, 실리콘주걱 1개, 믹서기 1개, 고운체 1개

Introduce

1. 파프리카를 200℃의 오븐에 15분간(어두운 색이 날 때까지) 구워 껍질을 제거한다.

2. 믹서기에 채소스톡을 넣고 정선한 파프리카를 넣고 곱게 갈아 소금 간을 한 뒤 잔탄검으로 농도를 조절하여 고운체에 걸러준다.

3. 스퀴즈 보틀에 넣어 사용한다.

Mango purée 망고퓌레

재료

냉동망고 200 grams, 꿀 40 grams, 레몬주스 10 grams, 오렌지주스 100 grams
소금(to taste)

첨가물: Xanthan gum

준비물

스테인리스 소스팬 1개, 실리콘주걱 1개, 믹서기 1개, 고운체 1개

Introduce

1. 냉동망고를 해동한다.

2. 믹서기에 해동된 망고, 오렌지주스, 레몬주스, 꿀을 넣고 곱게 갈아 소금 간을 한 뒤 잔탄검으로 농도를 조절하여 고운체에 걸러준다.

3. 스퀴즈 보틀에 넣어 사용한다.

Cauliflower purée 콜리플라워퓌레

재료

콜리플라워 100 grams, 대파 20 grams, 버터 20 grams, 채소스톡 50 grams
생크림 30 grams, 소금, 후추(to taste)

준비물

스테인리스 소스팬 1개, 실리콘주걱 1개, 믹서기 1개, 고운체 1개

Introduce

1. 팬에 버터를 두르고 대파를 먼저 볶다가 슬라이스한 콜리플라워를 약불에서 색이 나지 않게 볶아준다.

2. 1에 채소스톡을 넣고 재료가 익으면 생크림을 넣고 약불에서 10분 정도 끓여 소금 간을 한 뒤 믹서기에 갈아 잔탄검으로 농도를 조절하여 고운체에 걸러준다.

3. 스퀴즈 보틀에 넣어 사용한다.

Beet purée 비트퓌레

재료

비트 100 grams, 감자 50 grams, 양파 20 grams, 올리브오일 20 grams
물 200 grams, 소금, 후추(to taste)

첨가물: Xanthan gum

준비물

스테인리스 소스팬 1개, 실리콘주걱 1개, 믹서기 1개, 고운체 1개

Introduce

1. 팬에 올리브오일을 두르고 슬라이스한 비트, 감자, 양파를 약불에서 색이 나지 않게 볶아준다.

2. 1에 물을 넣고 재료가 익으면 소금 간을 한 뒤 믹서기에 갈아 잔탄검으로 농도를 조절하여 고운체에 걸러준다.

3. 스퀴즈 보틀에 넣어 사용한다.

Mushroom purée 버섯퓌레

재료

양송이버섯 150 grams, 감자 50 grams, 양파 20 grams, 올리브오일 20 grams, 채소스톡 100 grams
생크림 50 grams, 소금, 후추(to taste)
첨가물: Xanthan gum

준비물

스테인리스 소스팬 1개, 실리콘주걱 1개, 믹서기 1개, 고운체 1개

Introduce

1. 팬에 올리브오일을 두르고 슬라이스한 양파를 약불에서 색이 나지 않게 볶아준다.

2. 1에 감자를 넣고 볶다가 슬라이스한 양송이버섯을 넣고 볶아준다.

3. 2에 채소스톡을 넣고 재료가 익으면 생크림을 넣고 약불에서 10분 정도 끓여 소금 간을 한 뒤 믹서기에 갈아 잔탄검으로 농도를 조절하여 고운체에 걸러준다.

4. 스퀴즈 보틀에 넣어 사용한다.

Potato purée 감자퓌레

재료

감자 450 grams, 물 1 L, 소금 6 grams
첨가물: 무염버터 113 grams, 따뜻한 우유 200 ㎖, 소금 · 후추(to taste, Optional)

준비물

냄비와 물 1 L, 나무주걱, 푸드 밀(Food mill or Potato ricer), 고운체(#10 & #50), 나이프

Introduce

1. 감자가 충분히 들어갈 냄비에 감자와 물, 소금을 넣고 끓여준다. 이때 뚜껑을 덮어준다.

2. 20~30분 후에 뚜껑을 열고 대나무 꼬챙이로 꽂아보아 잘 들어가면 익은 것이다. 잘 들어가지 않으면 다시 뚜껑을 덮고 끓여준다.

3. 물에서 꺼내 뜨거운 상태의 감자를 나이프로 껍질을 벗겨준다.

4. 소스팬을 아래에 준비해 놓고 그 위에 포테이토 라이서를 받친 뒤 뜨거운 감자를 넣고 눌러주어 감자가 흘러내리게 한다.

5. 약한 불로 소스팬을 가열하면서 4의 감자를 다시 한 번 주걱으로 잘 저어준다.

6. 잘게 썬 버터조각을 넣고 저어준다.

7. 약한 불로 조절한 후 냄비 안에 따뜻한 우유를 넣어가며 저어주어 부드러운 질감의 감자퓌레를 완성한다.

8. 세련된 감자퓌레를 원한다면 고운체에 내려준다.

Avocado purée 아보카도퓌레

재료

아보카도 1 ea, 올리브오일 50 grams
첨가물: sodium bisulfite, ascorbic acid(vitamin C), salt

준비물

얼음물과 믹싱볼, 냄비와 물 1L, 실리콘주걱, 블렌더, 고운체(#10 & #50)

Introduce

1. 아보카도를 반으로 절단한 뒤 씨를 제거한다.

2. 스푼으로 껍질과 과육을 분리한다.

3. 블렌더에 아보카도 과육과 첨가물, 올리브오일을 넣고 갈아준다.

4. 고운체에 3을 넣고 걸러준다.

5. 스퀴즈 보틀에 넣어 사용한다.

※소듐 바이설파이트Sodium bisulfite(Optional): 아황산수소나트륨. 보존 중에 일어나는 갈변의 변화를 억제하기 위해 사용하는 첨가물

Butternut squash purée 땅콩단호박퓌레

재료

버터넷 스쿼시(땅콩단호박) 1 ea
첨가물: salt, Xanthan gum

준비물

얼음물과 믹싱볼, 찜통과 물 1 L, 실리콘주걱, 블렌더, 고운체(#10 & #50), 필러

Introduce

1. 땅콩단호박 껍질을 필러로 벗기고 양쪽 끝을 잘라버린다. 반으로 잘라 씨를 제거한다.

2. 사각으로 썬 뒤 찜통에 넣어 30분간 쪄준다.

3. 블렌더에 땅콩단호박 과육과 소금, 잔탄검을 넣고 갈아준다.

4. 고운체에 3을 넣고 걸러준다.

5. 스퀴즈 보틀에 넣어 사용한다.

※ 파르페Parfait에 넣어주기도 한다. 파르페는 과일, 시럽, 아이스크림 등을 섞은 디저트이다.

Broccoli purée 브로콜리퓌레

재료

브로콜리 285 grams, 버터 77 grams, 체더치즈 30 grams
첨가물: 베이킹소다 1.5 grams

준비물

소스팬, 실리콘주걱, 블렌더, 고운체(#10 & #50)

Introduce

1. 브로콜리를 깨끗이 씻은 후 잘게 썰어 놓는다.

2. 소스팬에 버터를 녹이고 1을 넣어 볶는다.

3. 베이킹소다를 넣고 잘 섞어준다.

4. 물 1/2컵을 넣고 뚜껑을 덮고 20분 동안 은근히 삶듯이 익힌다.

5. 블렌더에 넣어 갈아준다.

6. 잘게 간 체더치즈를 넣어 좀 더 갈아준다.

7. 고운체에 부어 넣고 실리콘주걱으로 긁어가며 걸러준다.

Carrot mash 당근 매시

재료

당근 100 grams, 버터 20 grams, 감자 60 grams, 채소스톡 60 grams, 생크림 30 grams
소금, 후추(to taste)

준비물

스테인리스 소스팬 1개, 실리콘주걱 1개, 믹서기 1개, 고운체 1개

Introduce

1. 팬에 버터를 두르고 당근, 감자를 슬라이스해서 볶다가 채소스톡을 넣고 끓인다.
2. 당근이 다 익으면 생크림을 넣고 약불에서 10분 정도 끓여 소금 간을 하고 믹서기에 갈아 고운체에 걸러준다.

Basil pesto 바질 페스토

재료

바질 200 grams, 파마산 치즈가루 15 grams, 마늘 10 grams, 잣 20 grams
올리브오일 250 grams, 소금, 후추(to taste)

준비물

스테인리스 팬 1개, 실리콘주걱 1개, 믹서기 1대, 그레이터 1개

Introduce

1. 바질을 깨끗이 씻어서 짧게 정선해 놓고 파마산 치즈는 그레이터로 갈아놓는다.
2. 믹서기에 올리브오일, 마늘, 잣을 넣고 곱게 갈아준다.
3. 2에 정선한 바질을 넣고 거칠게 갈다가 파마산 치즈, 소금, 후추로 간을 한 뒤 갈아서 완성한다.

Rucola pesto 루콜라 페스토

재료

루콜라 200 grams, 파마산 치즈가루 15 grams, 마늘 10 grams, 잣 20 grams
올리브오일 250 grams, 소금, 후추(to taste)

준비물

스테인리스 팬 1개, 실리콘주걱 1개, 믹서기 1대, 그레이터 1개

Introduce

1. 루콜라를 깨끗이 씻어서 짧게 정선해 놓고 파마산 치즈는 그레이터로 갈아놓는다.

2. 믹서기에 올리브오일, 마늘, 잣을 넣고 곱게 갈아준다.

3. 2에 정선한 루콜라를 넣고 거칠게 갈다가 파마산 치즈, 소금, 후추로 간을 한 뒤 갈아서 완성한다

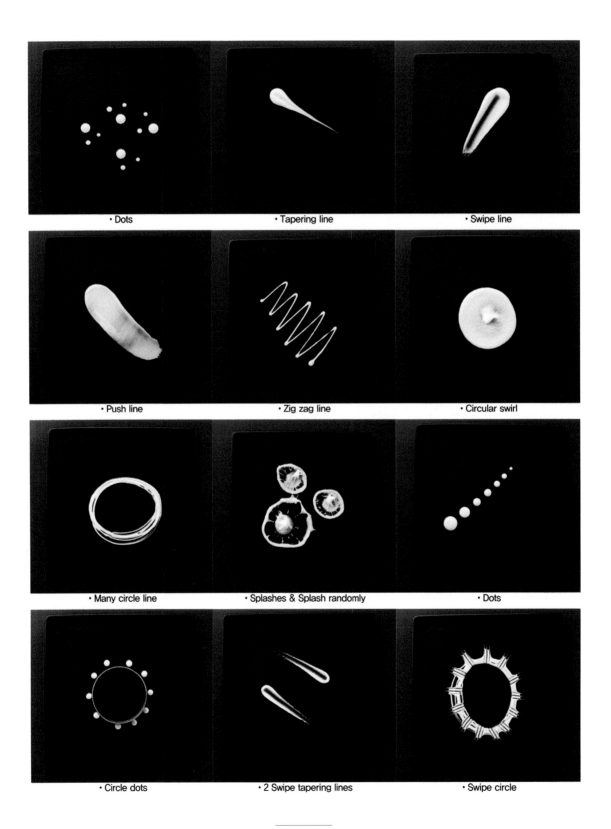

· Dots

· Tapering line

· Swipe line

· Push line

· Zig zag line

· Circular swirl

· Many circle line

· Splashes & Splash randomly

· Dots

· Circle dots

· 2 Swipe tapering lines

· Swipe circle

Draw Picture with Purée

Menu Name
Beet Purée and Tenderloin Steak
비트퓌레와 안심스테이크

Introduce

Focus food
- 안심은 팬에 오일을 뿌리고 마크를 찍어 예열된 오븐에 구워 준비한다.

Garnish
- 청경채는 소테를 하고, 단호박, 새송이는 마크를 찍어 그릴하여 준비한다.

Fluid gel
- 비트 플루이드 젤을 만들어 짤주머니에 담아 준비한다.

Plating
- 유동성 있는 비트 젤Beet Fluid Gel을 이용해 푸드 플레이팅을 하고 강렬한 비트의 붉은색을 통해 강렬한 열정을 표현할 수 있다.

Ingredients

Focus food
- 쇠고기 안심 120 grams

Garnish
- 청경채 1 ea
- 단호박 20 grams
- 새송이버섯 20 grams
- 로즈메리 1 ea

Fluid gel
- 비트퓌레 50 grams (*부록 참고)

흐름성 있는 젤^{Fluid gel}을 이용해
플레이팅하는 기술과 테크닉

유동성 있는 비트 젤Beet fluid gel을 이용해서 푸드 플레이팅을 하게 되면 비트의 강렬한 붉은색을 통해 강렬한 열정을 표현할 수 있다.

Beet fluid gel 비트 젤

재료

비트 루트 1 ea(140 grams), 설탕 25 grams, 물 25 grams, 한천 2 grams

준비물

얼음물과 믹싱볼, 냄비와 물 1 L, 거품기, 주서기

Introduce

1. 비트 루트를 물에 깨끗이 씻는다.

2. 비트 루트의 위와 아랫부분을 제거하고 껍질을 벗겨 5cm 크기의 정사각형으로 절단한다.

3. 주서기에 2를 넣고 착즙한다.

4. 소스팬에 140g의 비트주스와 설탕, 물, 한천을 넣고 3분간 끓여준다.

5. 얼음물에 중탕하여 차갑게 식힌 후 냉장고에서 청포묵처럼 굳힌다.

6. 사용하기 전에 믹서기에 갈아 유동성 있는 젤상태로 만들어 사용한다.

7. 고운체에 걸러 사용하면 세련된 젤을 만들 수 있다.(Optional)

Orange fluid gel from fresh fruit 오렌지 젤

방법 1

재료

신선한 오렌지주스 500 ㎖(조린 후 오렌지주스 250 ㎖)

첨가물: 한천가루(Agar-Agar) 3 grams

준비물

얼음물과 믹싱볼, 냄비와 물 1 ㄴ, 거품기

Introduce

1. 오렌지주스를 250㎖로 조린 후 체에 걸러준다.

2. 오렌지주스가 따뜻할 때 한천가루를 오렌지주스에 넣어 섞어준다.

3. 2를 2분 정도 끓여준다.

4. 스테인리스 사각통에 넣어 냉장고에 1시간 둔다.

5. 젤리를 5cm 크기로 잘라 믹서기에 넣고 갈아주면 부드러운 젤이 된다.

6. 고운체에 걸러 사용하면 세련된 고운 젤을 만들 수 있다.(Optional)

방법 2

재료

신선한 오렌지주스 500 ㎖

혼합 첨가물: Fructose, Kelcogel F, Citric Acid, Salt, Xanthan gum

준비물

얼음물과 믹싱볼, 냄비와 물 1 ㄴ, 거품기

Introduce

1. 냄비에 찬물을 넣고 혼합 첨가물을 넣어 거품기로 섞어준다.

2. 중불에 올려 혼합 첨가물을 녹여준다. 점점 농도가 진해진다.

3. 끓기 시작하면 불을 끄고 오렌지주스를 넣어 농도가 나오도록 섞는다.

4. 오렌지 향이 보존되도록 얼음물에 올려놓은 믹싱볼에 넣어 식힌다.

5. 청포묵처럼 굳힌다.

6. 믹서기에 갈아 유동성 있는 젤상태로 만들어 사용한다.

7. 고운체에 걸러 사용하면 세련된 젤을 만들 수 있다.(Optional)

Soubise fluid gel 수비스 젤

재료

카놀라 오일 20 grams, 양파채 1 ea, 치킨스톡 250 ml, 생크림 250 ml, 우유 100 ml
혼합 첨가물: Kelcogel F, Salt

준비물

스테인리스 소스팬 1개, 실리콘주걱 1개, 핸드 믹서기 1개, 믹서기 1개

Introduce

1. 냄비에 카놀라 오일을 넣고 양파채를 넣어 색이 나지 않게 볶는다.
2. 냄비 뚜껑을 덮고 부드러운 상태가 되도록 뜸을 들여준다.
3. 2에 치킨스톡과 생크림을 넣어 5분간 끓여준다.
4. 불을 끄고 핸드 믹서기로 갈아준다.
5. 고운체에 걸러준다.
6. 믹서기에 거른 수비스 소스와 혼합 첨가물을 넣어 갈아준다.
7. 소스팬에 6을 넣고 끓여준다.
8. 얼음물에 중탕하여 청포묵처럼 만든다.
9. 젤리를 5cm 크기로 잘라 믹서기에 넣어 갈아주면 부드러운 젤이 된다.
10. 고운체에 걸러 사용하면 세련된 고운 젤을 만들 수 있다.(Optional)

Grape juice fluid gel 포도 젤

재료

포도주스 140 grams, 설탕 25 grams, 물 25 grams
혼합 첨가물: 한천가루 2 grams

준비물

스테인리스 소스팬, 실리콘주걱, 믹서기, 소스팬, 거품기

Introduce

1. 냄비에 포도주스, 설탕, 물, 한천파우더를 넣어 3분 정도 끓인다.

2. 사각통에 얼음물을 채우고 그 위에 끓인 액체를 담은 믹싱볼을 올려 식힌다.

3. 30분이 경과하면 청포묵처럼 굳는다.

4. 잘게 잘라 블렌더에 넣어 갈아준다. 이후 고운체에 걸러준다.

5. 유동성 있는 맑은 자주색의 포도주스 젤이 된다.

Sweet olive oil gel 올리브오일 젤

재료

달걀 노른자 5 ea, 물엿 100 grams, 올리브오일 250 ml
혼합 첨가물: Salt 약간

준비물

실리콘주걱 1개, 제과용 믹서 1 개

Introduce

1. 제과용 믹싱볼에 달걀, 물엿, 소금을 넣고 섞어준다.

2. 천천히 그리고 조금씩 올리브오일을 넣으면서 섞어준다.

3. 스퀴즈 보틀에 넣어 사용한다.

※ 디저트 소스나 가금류 요리에 사용한다.

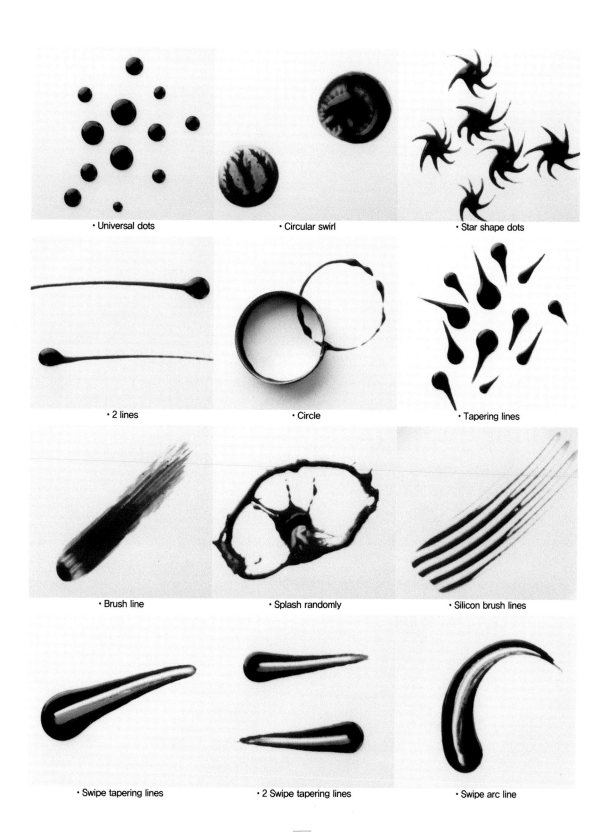

• Universal dots

• Circular swirl

• Star shape dots

• 2 lines

• Circle

• Tapering lines

• Brush line

• Splash randomly

• Silicon brush lines

• Swipe tapering lines

• 2 Swipe tapering lines

• Swipe arc line

두 가지 이상의 색상을 이용한
플레이팅 기술과 테크닉

두 가지 이상의 색상을 음식 배경으로 사용하면 세련된 배경을 만들 수 있다.

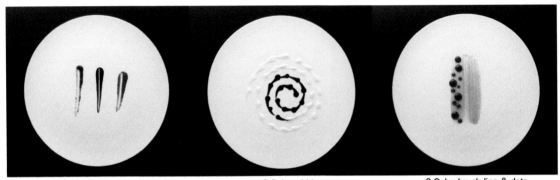

· 3 Color swipe tapering lines   · 2 Color whirl   · 2 Color brush line & dots

· 3 Color arc   · 2 Color circle   · Horizontal & vertical lines and star dots

· Circles & dots   · 2 Color brush draw   · 2 Color arc & dots

착색오일을 이용해 플레이팅하는
기술과 테크닉

오일을 이용해 푸드 플레이팅을 하면 오일 속에 녹아 있는 과채류의 풍미와 색을 음식에 첨가할 수 있다. 여름의 푸르름을 표현하고자 하면 그린 색상의 오일을 사용할 수 있다.

Vibrant geen oil 그린 오일

재료

카놀라 오일 300 grams, 파슬리 75 grams, 쪽파 75 grams

Introduce

1. 믹서기에 모든 재료를 넣고 3~5분 갈아준다.
2. 스테인리스 소스팬에 옮겨 담아 100℃에 도달할 때까지 계속 저어준다.
3. 믹싱볼에 체를 대고 위에 커피 필터종이를 깔고 걸러준다.
4. 얼음이 담겨 있는 볼에 식혀서 사용한다.

Basil oil 바질 오일

재료

생바질잎 250 grams, 카놀라 오일 450 grams
소듐 바이설파이트Sodium bisulfite 7 gram(Optional)

준비물

바질잎 데칠 물 1 L와 냄비, 얼음물과 믹싱볼

Introduce

1. 바질을 뜨거운 물에 30초간 데친다.
2. 얼음물에 담가 색이 변하지 않게 식힌다.

3. 다 식은 데친 바질잎은 두 손으로 물기를 꼭 짜준다.

4. 믹서기에 카놀라 오일, 물기 제거한 바질잎을 넣고 갈아준다.

5. 믹싱볼에 체를 대고 걸러준다.

※ 소듐 바이설파이트Sodium bisulfite(Optional): 아황산수소나트륨. 보존 중에 일어나는 갈변의 변화를 억제하기 위해 사용하는 첨가물

소스를 붓으로 플레이팅하는
기술과 테크닉

붓에 소스를 묻혀 접시에 그림을 그리면 붓의 질감이 드러나 세련된 배경을 만들 수 있다.

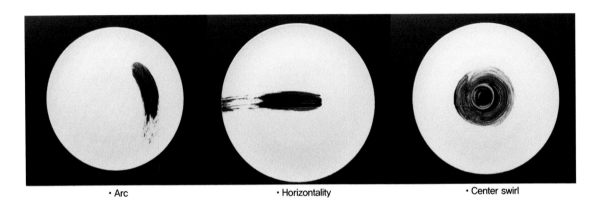

· Arc   · Horizontality   · Center swirl

그림을 그려 플레이팅하는
기술과 테크닉

발렌타인데이, 화이트데이, 기념일에 이러한 그림을 그린 뒤 음식을 담으면 고객의 감성을 자극하며 잔잔한 여운을 줄 수 있다.

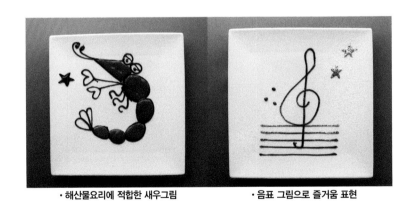

· 해산물요리에 적합한 새우그림   · 음표 그림으로 즐거움 표현

파우더를 이용해 플레이팅하는
기술과 테크닉

접시에 시각적 질감을 줄 수 있는 좋은 방법이다. 다양한 모양틀을 이용하여 수천 가지의 배경을 만들 수 있다.

Purple blackberry powder 블랙베리 파우더

재료

블랙베리 홀 500 grams

준비물

모양내는 프린팅 몰드와 슈거파우더 체 Spray Printing Mould & Sugar Powder Sieve Mould

Introduce

1. 블랙베리를 블렌더에 넣어 갈아준다.

2. 고운체를 사용하여 걸러준다.

3. 시트팬에 철망을 올리고 실리콘 베이킹 시트를 깐 뒤 그 위에 2를 부어 얇게 펴준다.

4. 제빵용 오븐이나 컨버터 오븐을 약 48℃로 조정한 후 8시간 정도 건조시킨다.

5. 손으로 만져보았을 때 단단하게 굳어 부러져야 한다.

6. 블렌더에 잘게 부숴 넣고 갈아준다.

7. 고운체에 걸러 파우더를 만든다.

· 슈거파우더를 체에 내려
그릇의 1/2 덮어줌

· 꽃모양 위에 슈거파우더를
체에 내려 만듦

· 포크와 나이프에 슈거파우더를
체에 내려 모양 만듦

분자요리를 사용해 플레이팅하는 기술과 테크닉

음식을 작은 요소까지 분석하여 이를 바탕으로 새로운 형태로 결합하여 음식을 만들었다는 의미로 분자요리라고 한다. 분자요리는 조리과정 중에 일어나는 물리적, 화학적인 변화에 대하여 연구하고, 이것을 이론적으로 정리한 후 과학적, 예술적, 기술적으로 재구성하여 '새로운 맛'의 음식을 만들어낸 것이다.

1. 분자요리에 사용하는 장비

분자요리에 사용하는 장비는 다음과 같다.

(가) 클리프턴 푸드 레인지Clifton food range

물을 중탕Water bath으로 만드는 장비이다. 물을 일정한 온도로 유지시켜 진공포장된 음식을 익혀준다.

(나) 레이저Laser

레이저 광선을 조리에 적합하게 만든 장비이다.

(다) 파코젯Pacojet

파코젯은 파코젯 통에 있는 식재료를 얼린 후 파코젯 장비에 넣어 회전날개를 작동시켜 극세분쇄하여 요리를 만드는 극세분쇄요리기이다. 즉석 아이스크림과 셔벗, 무스 등을 만든다.

(라) 주사기Syringe

캐비아 모양의 분자요리를 만들 때 사용하는 주사기이다.

(마) 서모스탯 Thermostat/thermomix

작업할 때 온도 조절이 가능한 믹서기이다. 원하는 온도를 일정하게 유지시켜 주면서 갈거나 재료의 무게를 잴 수도 있다.

(바) 휩 사이펀Whip siphon

에스푸마를 만들 때 사용하는 거품제조장비이다. 사이펀에 액체소스와 질소를 충전하여 다양한 거품음식을 만든다.

(사) 바믹스Bamix

핸드 블렌더 종류로 거품Foam이나 퓌레Purée를 만들 때 사용한다.

(아) 진공 솥Gastrovac

진공 솥은 요리냄비, 진공펌프, 가열판으로 구성되어 있다. 진공펌프로 내부의 압력을 빼낸 뒤 압력을 낮춰 일반적으로 낮은 온도로 조리가 가능하여 재료의 질감, 색, 영양요소를 잘 보존하는 장점이 있다.

2. 분자 재료

분자요리에 사용하는 재료는 다음과 같다.

(가) 한천Agar-agar

우뭇가사리 가루이다.

(나) 카라기난Carrageenan

홍조류 식물에서 추출한 천연점증제이다.

(다) 염화칼슘Calcium chloride

알긴산나트륨Sodium alginate과 같이 사용하여 액상형태의 재료를 캐비아 알모양으로 만든다.

(라) 덱스트로오스Dextrose

'오스'로 끝나는 글루코오스, 락토오스, 덱스트로오스는 모두 설탕의 일종이다. 덱스트로오스는 상쾌한 단맛을 가진다.

(마) 글로코오스Glucose

유리상태에서 단맛이 나는 과실 속에 많이 존재하는 포도당이다.

(바) 레시틴Lecithin

대두에서 추출한 천연 유화제Emulsifier이다. 거품 소스를 만들 때 사용한다.

(사) 액체질소Liquid nitrogen

기체질소를 -196℃로 액체화한 것이다. 재료를 급속 냉각시키는 데 사용한다.

(아) 메틸셀룰로오스Methyl cellulose

식품의 점착성 및 점도를 증가시키고 유화안정성을 증진시키는 조절제이다. 아이스크림을 만들 때 첨가하여 점도를 조절한다.

(자) 알긴산나트륨Sodium alginate

갈조류에서 추출한다. 캐비아 모양의 오렌지 구형을 만들 때 염화칼슘과 함께 사용한다.

(차) 구연산나트륨Sodium citrate

산뜻한 짠맛을 가지고 있다. 식품 유화제로 이용된다.

(카) 타피오카 말토덱스트린Tapioca maltodextrin

접시에 거친 가루 느낌의 질감을 낼 때 사용하는 변형 전분이다. 지방질의 재료와 섞어 단단하게 굳혀 가루로 만든다. 베이컨 기름, 코코넛 오일을 굳혀 가루로 만드는 데 이용된다. 땅콩버터와 초콜릿 가니쉬, 트러플을 말토덱스트린과 섞어 초콜릿 트러플 볼을 만들 수 있다. 타피오카 전분에서 추출한 말토덱스트린은 맛과 향이 없어 코코넛 오일과 섞어 가루로 만든 것을 입에 넣으면 코코넛 향을 느끼면서 입안에서 빠르게 녹는다. 고체가 액체로 변하면서 고객은 놀라게 된다.

(타) 트랜스글루타미나아제Transglutaminase

'고기 접착체'이다. 조각난 고기를 붙여 하나의 큰 고깃덩어리를 만드는 데 사용한다.

(파) 트리몰린Trimoline

물엿과 같은 성질을 가진 전화당(轉化糖)이다. 맛은 꿀과 비슷하다.

(하) 잔탄검Xanthan gum

옥수수로 만든 점성제Thickening agent이다. 젤Gel상태의 소스를 만들 때 첨가한다.

3. 분자기술

분자기술은 다음과 같다.

(가) 탄산화 Carbonating

드라이아이스를 이용해 재료를 탄산화시키는 방법이다. 과일 같은 재료에 드라이아이스와 접촉시켜서 재료에 탄산을 넣는 기법이다. 사이펀 안에 과일조각을 넣고 이산화탄소 캡슐을 장착하여 이산화탄소를 주입하면 탄산화 과일이 된다.

(나) 수비드/진공 조리법 Sous vide cooking, Vacuum cooking

수비드Sous vide는 '진공상태'라는 프랑스 말이다. 1970년대 프랑스 과학자와 요리사들에 의해 적용된 조리법으로 진공포장된 음식을 클리프턴 푸드 레인지Clifton food range에 넣어 비교적 낮은 60℃의 물속에 담가 천천히 오랫동안 익히는 조리법이다.

(다) 거품 추출법 Foam abstract presentation

분자요리의 용어로 폼Foam이라고 한다. 휩 사이펀Whip siphon통에 고운체에 거른 유화소스를 넣고 아산화질소Nitrous oxide 캡슐을 장착한 뒤 이산화질소를 넣어 거품소스를 만들 수 있다.

(라) 구체화 Spherification

인공 캐비아 모양을 만드는 조리법이다. 알긴산나트륨Sodium alginate과 칼슘Calcium을 반응시켜 만든다.

Sousvide lobster 수비드 로브스터

재료

로브스터 600 grams, 버터 20 grams, 레몬주스 15 grams, 올리브오일 30 grams
이탈리안 파슬리 3 grams, 소금, 후추(to taste)

준비물

스테인리스 소스팬 1개, 진공포장지 1개, 수비드 머신 1대

Introduce

1. 로브스터를 끓는 물에 10초간 담가 얼음물에 식힌 뒤 껍질과 내장을 제거하여 준비한다.

2. 진공포장지에 정선한 1의 재료를 넣고 진공한다.

3. 수비드 머신 85에서 25분간 수비드하여 얼음물에 식혀 사용한다.

Smoked lobster 훈연 로브스터

재료

로브스터 600 grams, 버터 20 grams, 소금, 후추(to taste)

준비물

스테인리스 소스팬 1개, 참나무 톱밥 50 grams, 훈연 머신 1대

Introduce

1. 로브스터를 끓는 물에 10초간 담가 얼음물에 식힌 뒤 껍질과 내장을 제거하여 준비한다.

2. 팬에 버터를 두르고 정선한 로브스터를 medium-well done 정도로 익힌다.

3. 훈연기에 참나무 톱밥을 피워 30분간 훈연하여 완성한다.

Carrot pickle roll 당근 피클 롤

재료

당근 200 grams, 피클주스 100 grams

준비물

스테인리스 볼 1개, 필러 1개

Introduce

1. 당근을 필러Peeler에 얇게 슬라이스하여 소금에 30분간 절인다.

2. 주스에 1시간 담갔다가 물기를 제거하여 돌돌 말아 준비한다.

Saffron couscous 새프런 쿠스쿠스

재료

채소스톡 100 grams, 새프런 2 grams, 쿠스쿠스 100 grams, 버터 20 grams
올리브오일 10 grams, 소금, 후추(to taste)

준비물

스테인리스 볼 1개, 실리콘주걱 1개

Introduce

1. 채소스톡에 소금, 후추, 버터, 올리브오일과 새프런을 넣고 끓인다.

2. 새프런 색이 빠지면 쿠스쿠스를 넣고 한번 끓인 후 뚜껑을 덮고 불을 끈 뒤 식으면 비벼서 완성한다.

Wasabi crumble 와사비 크럼블

재료

파마산 치즈 100 grams, 밀가루 100 grams, 버터 20 grams, 와사비 파우더 20 grams

준비물

스테인리스 팬 1개, 실리콘주걱 1개, 푸드 프로세서 1대

Introduce

1. 푸드 프로세서에 위의 재료를 넣고 거친 입자가 될 때까지 갈아준다.

2. 팬에 옮겨 180℃의 오븐에서 20분간 구워 식힌 후 원하는 입자로 만들어 사용한다.

Squid ink dirt 오징어 먹물 흙

재료

파마산 치즈 100 grams, 밀가루 100 grams, 버터 20 grams, 오징어 먹물 20 grams

준비물

스테인리스 팬 1개, 실리콘주걱 1개, 푸드 프로세서 1대

Introduce

1. 푸드 프로세서에 위의 재료를 넣고 거친 입자가 될 때까지 갈아준다.

2. 팬에 옮겨 180℃의 오븐에 20분간 구워 식힌 후 원하는 입자로 만들어 사용한다.

Mushroom duxelles 버섯뒥셸

재료

양송이버섯 50 grams, 표고버섯 50 grams, 샬롯 20 grams, 로즈메리 5 grams, 버터 20 grams
빵가루 20 grams, 생크림 30 grams, 소금(to taste)

준비물

스테인리스 소스팬 1개, 실리콘주걱 1개, 실리콘 용기 1개

Introduce

1. 양송이버섯, 표고버섯, 샬롯을 곱게 다져 준비한다.

2. 팬에 버터를 두르고 샬롯을 볶다가 버섯을 넣은 뒤 로즈메리를 다져 넣고 볶아준다.

3. 2에 생크림을 넣고 조리다가 소금 간을 하고 빵가루로 농도를 잡아 완성한다.

Foam 거품

재료

비트 폼 재료 : 비트주스 500 ㎖, 레시틴 3 grams
당근 폼 재료 : 당근주스 500 ㎖, 레시틴 3 grams
우유 폼 재료 : 우유 500 ㎖, 레시틴 3 grams
석류 폼 재료 : 홍초식초 500㎖, 레시틴 3g, 레몬 1/2 ea, 소금(to taste)
사과 폼 재료 : 사과주스 500㎖, 레시틴 3g, 레몬 1/2 ea, 소금(to taste)

준비물

주서기(혹은 블렌더), 면포, 믹싱볼, 핸드 블렌더

Introduce

1. 재료를 주서기에 넣고 착즙한다.
2. 믹싱볼에 고운 면포를 깔고 주스를 부어 걸러준다.
3. 믹싱볼에 거른 주스와 레시틴을 넣어 핸드 블렌더로 섞어준다.
4. 거품이 풍성하게 나면 원하는 곳에 거품을 사용한다.

Cilantro foam 고수 거품

재료

고수주스 300 ㎖, Soy lecithin 1g

준비물

주서기(혹은 블렌더), 면포, 믹싱볼, 핸드 블렌더

Introduce

1. 냄비에 물을 넣어 끓이다가 다진 고수잎을 넣어 데쳐준다.
2. 데친 고수잎을 얼음물에 담가 식힌 후 물기를 제거하고 물 200㎖와 함께 블렌더에 넣어 갈아준다.
3. 믹싱볼에 고운 면포를 깔고 고수주스를 부어 걸러준다.
4. 믹싱볼에 거른 고수주스 300 grams과 레시틴 1 gram을 넣어 핸드 블렌더로 섞어준다.
5. 거품이 풍성하게 나면 원하는 곳에 거품을 사용한다.

※생선요리에 곁들여준다.

Fluid gel / jelly 유동성 있는 젤과 젤리

재료

오렌지 유동성 젤 / 젤리 : 신선한 오렌지주스 500 ㎖, 한천가루Agar 3 grams

비트 루트 유동성 젤 / 젤리 : 비트 루드 착즙주스 140 ㎖, 설탕 25 grams, 물 25 grams, 한천가루 2 grams

준비물

믹서기(혹은 블렌더), 면포, 믹싱볼, 핸드 블렌더

Introduce

1. 오렌지 유동성 젤 / 젤리 만들기

1) 오렌지주스의 양을 중불에서 1/2로 조려 250㎖를 만든 후에 고운체로 걸러준다.

2) 한천가루를 섞은 후 2분 정도 더 끓여준다.

3) 얇은 시트팬(Sheet pan)에 담아 냉장고에 1시간 정도 두어 굳힌다.

2. 비트 루트 젤 / 젤리Beet root fluid gel/jelly 만들기

1) 비트 루트를 깨끗이 씻어 착즙기로 비트 루트주스를 140㎖ 짜준다.

2) 소스 냄비에 비트 루트주스, 설탕, 물, 한천가루를 넣고 3분간 끓여준다.

3) 얇은시트팬Sheet pan에 담아 냉장고에 1시간 정도 두어 굳힌다.

※채로 썰거나 몰드로 찍어 가니쉬로 사용할 수 있다.

핸드 블렌더로 3~5분 정도 갈아 고운체에 내려 유동성 있는 부드러운 젤로 만든 뒤 접시에 점, 선, 면, 입체의 형태로 그림을 그려 백그라운드로 연출할 수 있다.

Mango jelly 망고 젤리

재료

망고주스 200 grams, 레몬주스 30 grams, 메이플시럽 15 grams, 소금(to taste)

첨가물: Agar 4 grams

준비물

스테인리스 소스팬 1개, 실리콘주걱 1개, 실리콘 용기 1개

Introduce

1. 팬에 망고주스와 한천을 처음부터 넣고 약한 불로 끓여준다.

2. 1에 레몬주스, 메이플시럽을 넣고 소금 간하여 실리콘 용기에 담은 뒤 냉장고에 2시간 보관하여 젤리를 완성한 후 몰드로 찍거나 칼로 잘라 사용한다.

Saffron jelly 새프런 젤리

재료

사과주스 200 grams, 레몬주스 30 grams, 메이플시럽 15 grams, 새프런 1 grams, 소금(to taste)

첨가물: Aga 4 grams

준비물

스테인리스 소스팬 1개, 실리콘주걱 1개, 실리콘 용기 1개

Introduce

1. 새프런에 물 50 grams을 넣고 약불로 우려 식혀서 준비한다.

2. 팬에 사과주스, 새프런 우린 물과 아가(한천)를 처음부터 넣고 약한 불로 끓여준다.

3. 2에 레몬주스, 메이플시럽을 넣고 소금 간하여 실리콘 용기에 담은 뒤 냉장고에 2시간 보관하여 젤리를 완성한 후 몰드로 찍거나 칼로 잘라 사용한다.

Balsamic jelly 발사믹 젤리

재료

발사믹 식초 200 grams, 메이플시럽 15 grams, 소금(to taste)

첨가물: Agar 4 grams

준비물

스테인리스 소스팬 1개, 실리콘주걱 1개, 실리콘 용기 1개

Introduce

1. 팬에 발사믹 식초와 아가를 처음부터 넣고 약한 불로 끓여준다.

2. 1에 메이플시럽을 넣고 소금 간하여 실리콘 용기에 담은 후 냉장고에 2시간 보관하여 젤리를 완성한 뒤 몰드로 찍거나 칼로 잘라 사용한다.

Orange jelly 오렌지 젤리

재료

오렌지주스 200 grams, 레몬주스 30 grams, 메이플시럽 15 grams, 소금(to taste)
첨가물: Agar 4 grams

준비물

스테인리스 소스팬 1개, 실리콘주걱 1개, 실리콘 용기 1개

Introduce

1. 팬에 오렌지주스와 아가를 처음부터 넣고 약한 불로 끓여준다.
2. 1에 레몬주스, 메이플시럽을 넣고 소금 간하여 실리콘 용기에 담은 뒤 냉장고에 2시간 보관하여 젤리를 완성한 후 몰드로 찍거나 칼로 잘라 사용한다.

Raspberry jelly 라즈베리 젤리

재료

냉동 산딸기 100 grams, 자몽주스 100 grams, 레몬주스 20 grams
메이플시럽 20 grams, 소금(to taste)
첨가물: Agar 4 grams

준비물

스테인리스 소스팬 1개, 실리콘주걱 1개, 실리콘 용기 1개, 믹서기 1개

Introduce

1. 믹서기에 냉동 산딸기와 자몽주스를 넣고 곱게 갈아 고운체에 걸러 준비한다.
2. 팬에 1을 넣고 아가를 처음부터 넣고 약한 불로 끓여준다.
3. 1에 레몬주스, 메이플시럽을 넣고 소금 간하여 실리콘 용기에 담은 뒤 냉장고에 2시간 보관하여 젤리를 완성한 후 몰드로 찍거나 칼로 잘라 사용한다.

Milk jelly 우유 젤리

재료

우유 200 grams, 메이플시럽 15 grams, 소금(to taste)

첨가물: Agar 4 grams

준비물

스테인리스 소스팬 1개, 실리콘주걱 1개, 실리콘 용기 1개

Introduce

1. 팬에 우유와 아가를 처음부터 넣고 약한 불로 끓여준다.
2. 1에 메이플시럽을 넣고 소금 간하여 실리콘 용기에 담은 뒤 냉장고에 2시간 보관하여 젤리를 완성한 후 몰드로 찍거나 칼로 잘라 사용한다.

Red wine jelly 레드와인 젤리

재료

레드와인 200 grams, 메이플시럽 15 grams, 소금(to taste)

첨가물: Agar 4 grams

준비물

스테인리스 소스팬 1개, 실리콘주걱 1개, 실리콘 용기 1개

Introduce

1. 팬에 레드와인과 한천을 처음부터 넣고 약한 불로 끓여준다.
2. 1에 메이플시럽을 넣고 소금 간하여 실리콘 용기에 담은 뒤 냉장고에 2시간 보관하여 젤리를 완성한 후 몰드로 찍거나 칼로 잘라 사용한다.

Butterfly pea flower jelly 나비완두콩꽃 젤리

재료

나비완두콩꽃 10 ea, 레몬주스 20 grams, 메이플시럽 50 grams, 물 300 grams, 소금(to taste)
첨가물: Agar 4 grams

준비물

스테인리스 소스팬 1개, 실리콘주걱 1개, 실리콘 용기 1개

Introduce

1. 나비완두콩꽃에 물 200grams을 넣고 약불로 우려 식혀서 준비한다.
2. 1에 레몬주스, 메이플시럽을 넣고 소금 간하여 실리콘 용기에 담은 뒤 냉장고에서 2시간 보관하여 젤리를
   완성한 후 몰드로 찍거나 칼로 잘라 사용한다.

Espuma 에스푸마

재료

고르곤졸라 에스푸마 : 고르곤졸라 치즈 50 grams, 오일 10 grams, 잔탄검 2 grams, 생크림 300 grams, 양파찹 50 grams
베이컨 에스푸마 : 베이컨찹 50 grams, 오일 10 grams, 잔탄검 2 grams, 생크림 300 grams, 다진 양파찹 50 grams

준비물

주서기(혹은 블렌더), 면포, 믹싱볼, 핸드 블렌더, 휘핑 건, 질소가스(충전식)

Introduce

1. 고르곤졸라 에스푸마 만들기

냄비에 버터를 넣고 양파를 볶아준다. 생크림을 넣고 고르곤졸라 치즈를 넣어 살짝 끓여주며 잔탄검을
넣어준다. 핸드 블렌더로 간 다음 고운체로 걸러준다. 냉장고에서 식혀 사이펀에 1/2 채운 후에 질소가스
를 충전해 준다. 이후 가니쉬로 사용한다.

2. 베이컨 에스푸마 만들기

냄비에 버터를 넣고 양파를 볶아준다. 베이컨찹을 넣어 갈색이 나도록 볶아주고, 생크림을 넣어 살짝
끓여주며 잔탄검을 넣어준다. 핸드 블렌더로 간 다음 고운체로 걸러준다. 냉장고에 식혀 사이펀에 1/2을
채운 뒤 질소가스를 충전해 준다. 이후 가니쉬로 사용한다.

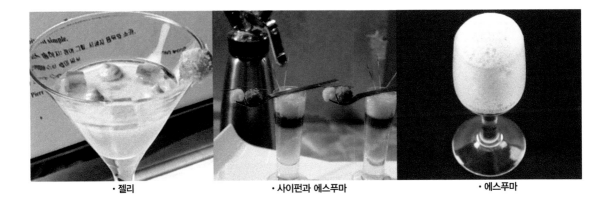

· 젤리　　　　　· 사이펀과 에스푸마　　　　　· 에스푸마

Fruit coulis 과일 젤리

재료

과일 퓌레 400 grams, 설탕시럽 100 grams

첨가물 : 한천 5 grams, 농도 조절용 물 1 cup

준비물

블렌더, 고운체, 믹싱볼, 핸드 블렌더, 실리콘주걱, 소스팬

Introduce

1. 과일(오렌지, 망고, 딸기 등)을 블렌더에 넣고 곱게 갈아준다.

2. 믹싱볼에 고운체를 받쳐놓고 1을 부어 실리콘주걱으로 긁으
   면서 걸러준다.

3. 소스팬에 과일퓌레와 설탕시럽, 한천을 넣고 끓여준다.

4. 사각 시트팬에 2를 부은 후 냉장고에서 식힌다.

5. 청포묵처럼 굳은 과일퓌레를 블렌더에 넣고 갈아 유동성 있는
   겔을 만든다.

Mango caviar / Spherification _{망고 캐비아}

재료

알긴 페이스트 : 물 300 ml + 알긴 1 TS
염화칼슘물 : 물 1 L + 염화칼슘Calcium chloride 10 grams
캐비아 주재료 : 망고주스 600 ml + 알긴 페이스트 60 grams

준비물

고운체, 믹싱볼, 핸드 블렌더. 실리콘주걱, 사각 스테인리스 그릇, 튜브, 스푼, 주사기, 체

Introduce

1. 알긴 페이스트를 만든다.

믹싱볼에 물 300ml와 알긴 1TS을 넣어 핸드 블렌더로 섞은 뒤 냉장고에 2시간 휴지시킨 뒤 거품을 제거한다.

2. 염화칼슘 녹인 물을 만든다.

물 1L에 염화칼슘 10g을 섞어 냉장고에 30분간 보관해서 차게 만든다.

3. 캐비아 주재료를 만든다.

망고주스 600ml에 알긴 페이스트 60g을 잘 섞어준다.

4. 캐비아를 만든다.

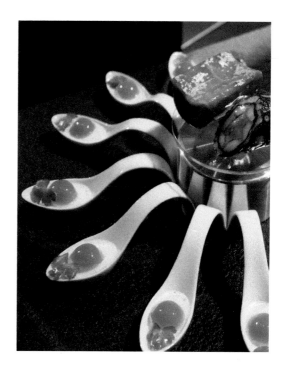

망고주스 캐비아 주재료를 염화칼슘 녹인 물에 스푼이나 튜브, 주사기를 사용하여 한 방울씩 넣어 구슬을 만든다. 이때 구슬은 건져서 찬물에 씻어 사용한다.

※ 망고주스 대신 토마토주스 등으로 대체가능하다.

Garnish

• 푸드 플레이팅 가니쉬 Garnish 는 맛과 멋을 더해주는 역할을 한다.

• 음식을 그릇에 담은 후 음식 위에 올려주면 요리가 더욱 돋보이게 하는 장식이다.

• 가니쉬용 재료는 먹을 수 있는 것으로 해야한다.

Food Plating
Technic

푸드 플레이팅 가니쉬

푸드 플레이팅 가니쉬Garnish는 맛과 멋을 더해주는 역할을 한다. 음식을 그릇에 담은 후 음식 위에 올려주면 요리가 더욱 돋보이게 하는 장식이다. 가니쉬용 재료는 먹을 수 있는 것으로 해야 한다. 가니쉬는 미각적 효과를 자극하는 형태로 다양한 칩(chips)을 사용하여 바삭거리는 질감을 주거나 마이크로 그린Micro greens(새싹채소), 허브나 식용꽃이 가진 색상으로 시각적인 효과를 낸다.

1. 과채류를 이용한 가니쉬 형태

밀싹 줄기, 허브류, 어린잎, 새싹, 식용꽃 등을 가니쉬로 활용할 수 있다.

(1) 신선한 과채류를 활용한 가니쉬

미국에서는 1980년대부터 플레이팅에 미니채소를 사용하였고 최근 들어 전 세계적으로 미니채소 Mini vegetable를 플레이팅에 사용하고 있다. 어린 채소는 무농약과 유기농채소로 재배되며 아토피성 피부염이나 만성피곤증에 효험이 탁월하다는 것이 알려지면서 우리 몸에 이로움을 주는 기능성 치료 채소로 레스토랑에서 스토리텔링되고 있다.

(가) 새싹 Sprout

채소를 수확하는 시기로 분류하면 본엽이 나오지 않는 떡잎상태인 것을 새싹채소라고 한다.
크기는 작지만 풍부한 영양소를 가지고 있어 많이 사람이 즐겨 먹는다.

(나) 어린잎 채소 중 마이크로 그린Micro greens

어린잎 채소는 크기에 따라 마이크로 그린Micro greens과 어린잎 채소Baby leaf로 나눈다. 마이크로 그린은 떡잎이 떨어지고 본엽이 나온 아주 어린잎으로 새끼손가락 크기로 자란 것을 말한다. 즉 채소 중 가장 어린잎을 말한다. 호텔 레스토랑이나 미슐랭 스타급 레스토랑에서 많이 사용한다.

그 이유는 아마도 작지만 풍부한 영양소와 작고 귀여운 외형에서 오는 진귀한 이미지, 앙증맞음, 예쁨, 신기함 때문일 것이다. 각양각색으로 레스토랑을 찾는 고객의 입안 가득 신선함과 상큼함을 채워줄 것이다. 새싹채소Micro greens는 다양하다. 상추, 밀, 양배추, 브로콜리, 당근, 비트 등과 같이 일상적인 채소의 어린 싹과 퀴노아, 아마란스 등과 같이 낯선 기능성 곡물류의 잎도 있다.

서양 상추류로는 아삭한 식감의 로메인, 부드러운 식감의 바타비아, 참나물형태의 오크리프, 오글거리는 모양의 붉은색·푸른색의 롤라와 롤로 등이 있다.

배추과에는 어린소나무채소의 애칭인 소송채, 고소한 식감의 미니배추, 추위에 강한 설채, 배추와 청경채 맛을 다 가진 배청채, 다채와 청경채의 교배로 만든 다청채 등이 있다.

단맛을 가진 채소류에는 케일, 꽃케일, 잎브로콜리(항암성분인 설포라팬이 풍부) 등이 있다.

쓴맛이 있어 차로 이용되는 치커리류에는 엔다이브, 프라스타, 트레비소, 레드치커리, 슈가로프, 구루모 등이 있다.

1) 양배추 마이크로 그린

비타민 A, B, C, K와 셀레늄, 염소, 칼슘, 황 등과 같은 필수 미네랄이 일반 양배추보다 풍부하게 함유되어 있다.

2) 땅콩 마이크로 그린

땅콩 열매보다 항산화 물질이 최대 600배 많다. 항산화 물질은 노화, 동맥경화 등을 예방하는 물질로 알려져 있다.

3) 더덕 마이크로 그린

더덕 마이크로 그린은 더덕 향이 나며 단백질, 칼슘, 인이 풍부하다.

4) 붉은산시금치 마이크로 그린

잎이 삼각형으로 끝부분이 뾰족하다. 샐러드에 넣으면 붉은색으로 인해 먹음직스럽다.

5) 비트 마이크로 그린

둥근 뿌리를 사용하다가 비트잎의 녹색과 붉은색의 조화로운 아름다움에 마이크로 그린을 가니쉬 혹은 샐러드에 많이 사용하게 되었다.

(다) 어린잎 채소 중 베이비 리프Baby leaf

어린잎 채소는 마이크로 그린보다 크며 쌈채소 크기의 1/3~1/4 크기이다. 음식의 가니쉬용보다는 샐러드 용도로 많이 사용된다.

(라) 식용꽃Edible flower

꽃은 자체가 아름다운 모양과 향기를 가진 식물이다. 사전적 의미에서 꽃은 "꽃피는 식물이라고 호칭하는 식물의 생식기관이며 하나의 어린 줄기가 변형을 거쳐 만들어진다"로 되어 있다. 꽃은 아름다움의 상징이며 예쁜 여인으로 표현된다. 이는 꽃이 아름답고 보기 좋기 때문이다. 꽃의 성격은 온화함과 달콤함이며 메시지는 존경과 감사의 표시이다. 사랑을 고백하는 경우에도 꽃을 이용하는 경우가 많다.

꽃은 관상용과 식용으로 쓰인다. 식용으로 사용되는 꽃에는 독소가 없고 맛과 향이 있어야 한다. 맛과 향이 없으면 식용으로 적합하지 않다.

꽃에는 비타민, 무기질, 산화방지 영양소가 있고 꽃가루에는 아미노산, 탄수화물, 단백질 등 다양한 영양소가 많다. 식약처에서는 진달래, 국화, 아카시아, 동백, 호박, 매화, 복숭아, 살구, 베고니아, 팬지, 장미, 제라늄, 재스민, 금어초, 한련화(나스터튬)를 먹어도 되는 꽃으로 인정하였다.

1) 허브꽃

로즈메리, 타임, 오레가노 등의 허브꽃을 음식의 가니쉬로 사용한다. 허브 꽃잎에는 허브 본연의 향과 맛이 들어 있다.

2) 작은 다알리아꽃

여름 꽃으로 꽃잎이 부드러워 튀겨 먹거나 센 불에 볶아 물에 넣어 차로 먹어도 좋다. 꽃색이 보라색, 붉은색, 흰색, 자주색 등으로 다양하고 예뻐서 화전이나 샐러드 가니쉬로 사용한다.

3) 인동초꽃

인동초의 뿌리나 줄기, 잎, 꽃 등 모든 것이 약재로 사용된다. 피부질환이나 감기에 좋다.

4) 장미꽃

장미는 꽃이 핀 후에 사과같이 생긴 열매가 열린다. 꽃잎과 열매는 생으로 식용할 수 있다.

5) 나스터튭꽃

꽃잎에서 매콤한 맛이 난다. 철분과 미네랄 성분이 많이 함유되어 있다.

6) 소국

우리나라에서는 화전으로 애용된다. 차와 술로도 많이 이용된다.

7) 석죽패랭이꽃

바위에서 핀 대나무와 비슷하여 석죽이라고도 부른다. 샐러드에 애용된다.

8) 금잔화

꽃잎이 많아 꽃잎을 넉넉하게 사용할 수 있다. 빻아서 묵으로 만들거나 초장에 버무려도 잘 어울린다.

9) 튤립꽃

튤립꽃잎은 산뜻한 청량감이 있다. 젤리나 샐러드에 곁들이면 상쾌한 맛을 느낄 수 있다.

10) 카네이션꽃

가정의 달 5월, 어버이날과 스승의 날에 꽃 선물로 많이 사용하는 카네이션은 장미, 국화, 튤립과 함께 세계 4대 절화(切花)이다. 절화는 화훼의 이용상 가지를 잘라서 꽃꽂이, 꽃다발, 꽃바구니, 화환 등으로 애용하는 꽃을 말한다. 음식으로 감사한 마음을 전하고자 할 때 카네이션을 이용하면 어떨까 한다.

11) 주리안꽃

꽃잎이 아주 부드럽다. 기름에 튀겨 먹으면 맛있다.

12) 양란꽃

양란꽃은 볶아서 토마토 소스와 버무려 스파게티 소스로 쓸 수 있고 기름에 튀겨도 좋다. 약간 매운 소스를 넣어 볶아도 식감이 좋다.

13) 젤리 안에 식용꽃

한천을 녹여 설탕과 약간의 달콤한 화이트 발사믹 식초를 넣고 중탕하여 녹인 후 몰드에 식용꽃과 함께 넣고 굳혀서 만든다.

(2) 소도구를 이용한 채소류 가니쉬

당근, 비트, 무, 단호박, 감자 등을 모양내는 도구를 활용하여 공모양, 회오리모양, 용수철모양, 하트모양, 별모양, 원형모양Disk 등의 가니쉬를 만들 수 있다.

(가) 수동 나선형 스크루 슬라이서Manual spiral screw slicer

감자, 단호박, 무 가운데 나선형 스크루 슬라이서를 넣어 돌려주면 스프링 모양의 가니쉬를 만들 수 있다.

(나) 회전해서 얇은 회오리감자를 만드는 슬라이서Rotate spiral slicer

감자를 원통형으로 만든 후 가운데 고정 핀을 박고 슬라이서를 돌려 얇고 넓은 회오리 모양으로 만들 수 있다. 감자는 튀겨서 회오리 감자튀김을 만든다.

(다) 파리지언 나이프Parisian knife

당근, 호박, 비트, 무 등을 파리지언 나이프로 원형이나 타원형, 포도모양으로 파서 만들 수 있다. 크기가 다른 파리지언 나이프로 크기와 모양을 다양하게 파낼 수 있다.

(라) 다양한 모양의 몰드 커터Many styles stainless steel mould cutter set

다양한 모양의 스테인리스 스틸 몰드 커터로 호박, 당근, 비트에 하트, 별, 나무 등을 찍어낼 수 있다.

(3) 오일에 튀겨 만든 가니쉬

과채류를 얇게 슬라이스하거나 자연 그대로 150℃의 오일에 튀겨서 색상이 살아 있는 가니쉬를 만들 수 있다.

허브는 묽은 밀가루 물을 살짝 찍어 튀겨내고, 고구마는 슬라이서로 얇게 밀어 튀겨낸다. 마늘은 심지를 빼내고 얇게 슬라이스하여 튀겨낸다. 바질잎은 뜨거운 오일에 튀겨내는 것과 전자레인지를 이용해 납작하게 튀겨낼 수 있다. 전자레인지를 사용하면 세련된 모양의 튀긴 바질잎을 만들 수 있다.

Perfectly flat fried basil 납작하게 튀긴 바질잎

재료

바질잎 5 ea, 카놀라 오일 10 grams

준비물

플라스틱 랩, 전자레인지용 접시, 전자레인지. 대나무 꼬챙이, 보관용 밀폐용기와 건조제

Introduce

1. 접시에 랩을 덮어 팽팽하게 감싼다.
2. 바질잎에 오일을 충분히 발라 랩으로 싼 접시에 올린다. 랩으로 위를 덮어 팽팽하게 감싼다.
3. 대나무 꼬챙이로 중간중간 구멍을 뚫어 수증기가 날아가게 해준다.
4. 전자레인지에서 30초간 돌린다.
5. 상태를 보면서 2~3회 반복한다. 플라스틱통에 키친타월을 깔고 위에 올려 좀 더 건조시켜 준다.

(4) 오븐을 이용해 말린 가니쉬들

키위, 토마토, 호박, 사과, 연근 등을 얇게 썰어 철망에 올린 후 50℃의 오븐에서 3시간 말리면 건조된 채소를 만들 수 있다. 오븐에서 자연스럽게 말린 형태가 있고 평평한 시트팬에 오일을 바르고 위에 얇게 썬 고구마를 놓고 위에 무거운 누름판을 올려 오븐에서 180℃로 20분 정도 구우면 세련된 모양으로 평평하게 구워진 고구마 가니쉬를 만들 수 있다.

Perfectly flat roasted sweet potato slice 납작하게 구운 고구마 슬라이스

재료

얇게 민 고구마 슬라이스 5 ea, 카놀라 오일 30 grams

준비물

사각 시트팬 2 ea, 호일에 싼 사각벽돌, 실리콘 베이킹시트, 보관용 밀폐용기와 건조제

Introduce

1. 사각 시트팬에 실리콘 베이킹시트를 올리고 카놀라 오일을 바른다.
2. 위에 얇게 민 고구마 슬라이스를 올리고 위에 카놀라 오일을 바른다.
3. 사각 시트팬을 위에 올리고 호일에 싼 벽돌을 올려 눌러준다.
4. 180℃의 예열된 오븐에 20분간 구워준다.
5. 고구마 슬라이스 위에 올려놓은 호일에 싼 벽돌과 시트팬을 제거하면 납작하게 구워진 고구마 슬라이스가 나온다.

   ※ 감자, 마, 돼지감자, 토란, 당근, 사과, 양파 등을 얇게 슬라이스하여 똑같은 방법으로 구우면 얇고 납작한 가니쉬를 만들 수 있다.

(5) 그릴에 구운 채소

푸드 프레스Food press와 그릴Grill을 사용하면 불맛과 함께 멋진 격자무늬나 줄무늬를 채소에 찍을 수 있다.

먼저, 아스파라거스, 화이트 아스파라거스, 토마토, 애호박, 새송이버섯, 브로콜리, 콜리플라워, 자몽, 체리토마토, 꼬마 양배추, 샬롯 등을 씻어서 썰어놓는다. 감자는 잘 익지 않으므로 그릴에 굽기 전에 미리 쪄놓는 것도 좋다. 그릴 팬을 약불에 달구어 식용유를 뿌려놓는다. 그릴 팬에 채소를 올려놓고 소금과 후춧가루를 뿌린 후 위에 푸드 프레스를 올려놓는다. 뚜껑이 있으면 덮어준다. 기름이 튀지 않고 열기를 가둬서 빨리 익힐 수 있다.

그릴 채소에 허브 혹은 스파이스 향을 첨가하길 원하면 생로즈메리나 타임 등을 다져놓는다. 그리고 믹싱볼에 채소와 허브찹, 소금, 후추를 넣어 버무린 후 올리브오일을 넣어 마리네이드한 후에 구우면 된다.

2. 착색 파스타 도우를 이용해 만든 사이드 디시 혹은 가니쉬

착색 파스타 도우를 밀어 만두형, 국수형, 기하학적인 모형 등 다양한 파스타를 만들어 사이드 디시 혹은 가니쉬로 사용한다. 전문적인 파스타 지식이 궁금하면 『올 어바웃 파스타』(이종필 저) 책을 보면 된다. 여기에서는 착색 파스타 반죽만 소개하도록 하겠다.

Color pasta dough 착색 파스타 반죽

재료

착색 파스타							
종류	세몰리나	중력밀가루	달걀	물	올리브오일	소금	착색재료
기본 파스타반죽	200g			100ml	optional	to taste	
기본 에그 파스타반죽		200g	2ea	optional		to taste	
허브바질 파스타반죽		200g	2ea	optional	10ml	to taste	바질찹 30g
오징어 먹물 파스타반죽		200g	2ea	optional	10ml	to taste	먹물 1T
포르치니버섯 파스타반죽		300g	2ea	optional	10ml	to taste	말린 포르치니 20g
시금치 파스타반죽		300g	2ea	optional	10ml	to taste	시금치 30g
코코아 파스타반죽		400g	4ea	optional	10ml	to taste	무설탕 코코아가루 20g
단호박 파스타반죽		400g	2ea	optional	10ml	to taste	단호박 100g
새프런 파스타반죽		400g	4ea	optional	10ml	to taste	새프런 large pinch
비트 파스타반죽		400g	3ea	optional	10ml	to taste	비트 60g

• 출처 : 이종필(부천대학교, 2017), 올 어바웃 파스타, 백산출판사.

준비물

작업테이블, 스크레이퍼, 밀대, 파스타 커터힐, 푸드 프로세서, 착즙기

Introduce

1. 착색재료를 준비한다.

　1) 바질잎을 곱게 다져놓는다.

　2) 말린 포르치니버섯은 따뜻한 물에 10분 정도 불린 뒤 프로세서로 버섯을 갈아 퓌레상태로 만든다.

　3) 시금치는 잎부분만 준비하여 얇게 채썬 후 끓는 물에 데쳐 얼음물에 담가 식힌 뒤 물기를 짜서 푸드 프로세서로 갈아 퓌레상태로 만든다.

　4) 호박은 껍질과 씨를 제거한 후 180℃의 오븐에서 20분간 구운 뒤 푸드 프로세서로 갈아준다.

　5) 따뜻한 물에 새프런을 불려 색을 우려낸다.

　6) 비트는 껍질을 제거하고 웨지로 잘라 180℃의 오븐에서 20분간 구운 후 푸드 프로세서로 갈아준다.

2. 착색하고자 하는 파스타 반죽 레시피의 모든 재료를 섞어 반죽한 뒤 30분간 휴지시킨다.

3. 100g씩 분할하여 플라스틱 랩에 싸서 냉장고에 보관한다.

4. 필요할 때마다 꺼내서 창의력을 발휘하여 만들어 사용한다.

3. 튀일 Tuile

가니쉬의 꽃은 튀일이다. 수많은 요리에 다양한 색상과 질감을 갖춘 튀일을 올려 포커스 음식을 보기 좋게 연출하는 데 도움을 준다. 튀일의 맛은 달달한 것부터 짭쪼름한 것까지 다양하다. 튀일은 프랑스어로 '기와'를 뜻한다. 기와처럼 생겼기에 'Tuile'이라 부른다. 유럽에서 기와는 고대 그리스시대부터 사용되었고 로마시대에는 보편적으로 사용되었다. 이 튀일은 밀가루, 아몬드 파우더, 치즈 혹은 다양한 재료로 만들 수 있으며, 튀일의 종류로는 제과용 튀일, 요리용 튀일(밀가루:물:기름=1:9:3), 치즈 튀일, 러시아의 시가렛 튀일, 바스켓 튀일(강력밀가루:물:유지 = 1:1:1), 크로칸트 튀일, 슈거 튀일 등이 있다.

강력〉중력〉박력 순으로 튀일이 굵어지고 물이 많으면 기공이 커진다.

(1) 밀가루가 기본인 튀일

조리사들이 푸드 플레이팅할 때 가니쉬로 많이 사용하는 바삭한 질감의 장식물이다.

가장 쉬운 방법은 밀가루 20g, 물 100g, 식용유 100g(1:5:5)을 혼합한 뒤 프라이팬에 넣어 얇게

튀기듯 만드는 방법이다. 밀가루 10g, 물 90g으로 튀일을 튀기면 섬세하고 세련되게 만들 수 있다. 물 대용으로 오징어 먹물, 새프런 물, 비트주스 등을 넣어 착색하여 만들기도 한다. 다음은 다양한 레시피의 튀일을 소개하고자 한다.

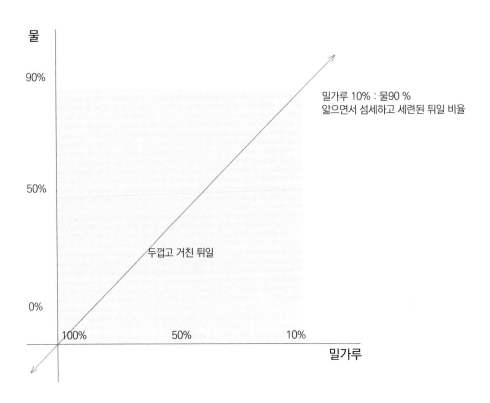

Lace tuile 레이스 뛰일(프라이팬용)

재료

반죽: 밀가루 10 grams, 물 90 grams
오일: 식용유 30 grams(프라이팬에 가열해서 195℃ 유지)
첨가물: 식용색소 Some(원하는 색상 선택)

준비물

믹싱볼, 프라이팬, 거품기, 보관용 밀폐용기와 건조제

Introduce

1. 믹싱볼에 물 90g과 식용색소를 넣고 잘 풀어준 다음 밀가루를 넣어 묽은 반죽을 만든다.
2. 프라이팬을 달군 후 식용유를 넉넉히 둘러 반죽을 2 spoon 넣어준다. 기름이 사방으로 튀기 때문에 안전을 위해 뒤로 물러나 있는다.
3. 거품 끓어오르는 것이 사라지고 형태가 나타나면 완성된 것이므로 뒤집개로 꺼낸다. 키친타월 위에 올려 오일을 제거한다.

Orange tuile 오렌지 뛰일(프라이팬용)

재료

반죽: 밀가루 10 grams, 오렌지주스 90 grams
오일: 식용유 30 grams(프라이팬에 가열해서 195℃ 유지)
첨가물: 식용색소 Some(원하는 색상 선택)

준비물

믹싱볼, 프라이팬, 거품기, 보관용 밀폐용기와 건조제

Introduce

1. 믹싱볼에 오렌지 주스 90g과 다음 밀가루를 넣어 묽은 반죽을 만든다.
2. 프라이팬을 달군 후 식용유를 넉넉히 둘러 반죽을 2 spoon 넣어준다. 기름이 사방으로 튀기 때문에 안전을 위해 뒤로 물러나 있는다.
3. 거품 끓어오르는 것이 사라지고 형태가 나타나면 완성된 것이므로 뒤집개로 꺼낸다. 키친타올 위에 올려 오일을 제거한다.

Squid ink tuile 오징어 먹물 튀일(프라이팬용)

재료

반죽: 밀가루 10 grams, 물 120 grams, 오일 20 grams, 먹물 5 grams
오일: 식용유 10 grams(프라이팬에 가열해 195℃ 유지)

준비물

믹싱볼, 프라이팬, 거품기, 보관용 밀폐용기와 건조제

Introduce

1. 믹싱볼에 물, 오일, 밀가루, 먹물을 혼합하여 묽은 반죽을 만든다.
2. 프라이팬을 달군 후 식용유를 조금 두른 뒤 반죽을 2 spoon 넣어준다. 기름이 사방으로 튀기 때문에 안전을 위해 뒤로 물러나 있는다.
3. 거품 끓어오르는 것이 사라지고 형태가 나타나면 완성된 것이므로 뒤집개로 꺼낸다. 키친타월 위에 올려 오일을 제거한다.

Food tuile 요리 튀일(프라이팬용)

재료

반죽: 밀가루 10 grams, 물 80 grams, 오일 20 grams, 소금 Some
오일: 식용유 10 grams(프라이팬에 가열해서 195℃ 유지)

준비물

믹싱볼, 프라이팬, 거품기, 보관용 밀폐용기와 건조제

Introduce

1. 믹싱볼에 물, 오일, 밀가루, 소금을 혼합하여 묽은 반죽을 만든다.
2. 프라이팬을 달군 후 식용유를 조금 둘러 반죽을 2 spoon 넣어준다. 기름이 사방으로 튀기 때문에 안전을 위해 뒤로 물러나 있는다.
3. 거품 끓어오르는 것이 사라지고 형태가 나타나면 완성된 것이므로 뒤집개로 꺼낸다. 키친타월 위에 올려 오일을 제거한다.

   ※튀일 재료 중 밀가루 10grams에 물 80grams이면 약간 두께감 있게 나오고 물 90grams이면 섬세하고 얇게 만들 수 있다.

(2) 치즈 튀일

치즈를 이용한 튀일은 전분을 이용한 가니쉬에는 들어가지 않지만 튀일의 한 종류로서 여기에서 언급하고자 한다. 블록 파르미지아노 치즈를 치즈 그레이터로 갈아 치즈가루를 만든 뒤 프라이팬에 얇게 펴서 약한 불에 가열하여 치즈를 녹인 뒤 따뜻할 때 틀이나 손을 이용해서 모형을 성형할 수 있고, 실리콘 베이킹 시트에 치즈가루를 얇게 펴서 전자레인지나 오븐에 넣어 만들 수 있다. 중식 수프 스푼 위에 녹아서 말랑말랑해진 치즈를 올려 숟가락 모양으로 성형하면 숟가락 모양이 나온다.

좀더 바삭한 치즈 튀일을 만들기 원한다면 파마산 치즈가루와 빵가루(or 옥수수가루)를 7:1 비율로 혼합해 사용하면 되고, 신선한 허브찹을 섞어 허브 풍미의 치즈 튀일을 만들 수 있다.

Cheese tuile 치즈 튀일

재료(50장 분량)
블록을 갈아 만든 파마산 치즈가루 70 grams
첨가물: 빵가루 or 옥수수가루 30 grams, 허브찹 some(Optional)

준비물
믹싱볼, 프라이팬, 치즈 그레이터, 보관용 밀폐용기와 건조제

Introduce
1. 믹싱볼에 파마산 치즈가루와 빵가루, 허브찹을 섞는다.
2. 프라이팬에 튀일 재료를 1 spoon 얇게 펴준 뒤 약불에서 천천히 치즈를 녹여준다.
3. 뜨거울 때 뒤집개로 프라이팬에서 꺼내 손이나 몰드를 이용해 성형한다.
4. 도넛모양의 튀일을 만들어 부케처럼 꽂아 멋지게 플레이팅할 수 있다.

※ 빵가루나 옥수수가루를 첨가하면 오랫동안 바삭한 상태를 유지할 수 있다.

(3) 제과용 튀일 Confectionery tuile

Confectionery tuile 1 제과용 튀일 1(오븐에 굽는 용)

재료(50장 분량)

버터 50 grams, 물 50 grams, 박력분 50 grams, 그래뉴당 100 grams

준비물

믹싱볼, 중탕용 냄비와 물 1 L, 거품기, 실리콘주걱, 사각 시트팬, 실리콘 베이킹시트, 짤주머니, 보관용 밀폐용기와 건조제

Introduce

1. 믹싱볼에 밀가루를 고운체에 내려 담고 그래뉴당을 잘 혼합해 놓는다.
2. 믹싱볼에 녹인 버터와 물을 넣고 거품기로 혼합한 후 1을 넣어 잘 섞는다.
3. 짤주머니에 2를 담아 넣는다.
4. 오븐을 200℃로 맞추어 놓고 사각 시트팬에 실리콘 베이킹시트를 깔아놓는다.
5. 실리콘 베이킹시트에 1~2cm 크기의 원하는 모양으로 짠다.
6. 오븐에 넣어 8분 정도 구우면 노릇하게 튀일이 완성된다.

※ 보관용 밀폐용기와 건조제를 사용하면 오랫동안 바삭하게 보관할 수 있다.

Confectionery tuile 2 제과용 튀일 2(오븐에 굽는 용)

재료(50장 분량)

버터 20 grams, 박력분 20 grams, 설탕(그래뉴당) 80 grams, 달걀 흰자 2ea
견과류 혹은 건재료 140 grams

준비물

믹싱볼, 중탕용 냄비와 물 1 L, 거품기, 실리콘주걱, 사각 시트팬, 실리콘 베이킹시트, 짤주머니, 보관용 밀폐용기와 건조제

Introduce

1. 믹싱볼에 버터를 넣고 중탕하여 녹인다.
2. 다른 믹싱볼에 달걀 흰자를 넣고 부푸는 수준을 50% 정도로 친다.

3. 2에 나머지 재료를 전부 섞어준다.

4. 실리콘 베이컨시트에 얇게 밀어 타원형으로 만든다.

5. 180℃의 오븐에 15분간 구워준다.

6. 뜨거울 때 나무방망이에 올려 기와처럼 휘게 성형한다.

※보관용 밀폐용기와 건조제를 사용하면 오랫동안 바삭하게 보관할 수 있다.

Almond powder tuile 아몬드 튀일(오븐에 굽는 용)

재료 1(얇고 섬세한 아몬드 튀일을 만들기 위한 묽은 반죽)

박력분 40 grams, 아몬드파우더 30 grams, 슈거파우더 65 grams, 녹인 버터 50 grams
생크림 35 grams, 달걀 흰자 30 grams

재료 2(튀일쿠키를 만들기 위한 된 반죽)

박력분 45 grams, 아몬드파우더 120 grams, 설탕 100 grams, 녹인 버터 50 grams
달걀 흰자 100 grams

준비물

믹싱볼, 중탕용 냄비와 물 1ℓ, 거품기, 실리콘주걱, 사각 시트팬, 실리콘 베이킹시트
짤주머니, 미니 스패츌러, 보관용 밀폐용기와 건조제

Introduce(재료 1에 대한 조리방법)

1. 믹싱볼에 달걀 흰자를 거품기로 잘 저어준다.

2. 1의 믹싱볼에 아몬드파우더와 박력분을 고운체에 내려 담은 뒤 슈거파우더를 넣어준다.

3. 2에 녹인 버터와 생크림을 넣고 혼합하여 반죽을 만든다.

4. 튀일 반죽을 실리콘 베이킹시트에 얇게 밀어 모양을 만든 뒤 오븐에 넣어 굽는다.

5. 뜨거운 상태일 때 틀에 넣어 모양을 잡을 수 있다. 예를 들어 1cm×6cm 길이로 구운 것을 나무젓가락
   에 돌돌 말아 성형한다. 중식 숟가락 혹은 작은 볼에 올려 성형할 수 있다.

6. 튀일이 식을 경우 다시 오븐에 넣어 뜨겁게 하면 다시 원하는 모양으로 성형할 수 있다.

Croquant tuile 크로칸트 튀일 (오븐에 굽는 용)

재료

버터 80 grams, 설탕 100 grams, 달걀 1 ea, 크로칸트 90 grams, 박력분 90 grams
소금 1 grams, 견과류 혹은 건조곡물 60 grams

준비물

믹싱볼, 중탕용 냄비와 물 1 L, 거품기, 실리콘주걱, 사각 시트팬, 실리콘 베이킹시트
짤주머니, 보관용 밀폐용기와 건조제

Introduce

1. 믹싱볼에 견과류를 제외한 모든 재료를 혼합한다.

2. 1을 동전 모양으로 얇게 만들고 견과류를 묻혀 모양을 만든다.

3. 180℃ 오븐에서 15분간 구워준다.

※ 달지 않은 크로칸트 튀일은 설탕을 넣지 않고 전분만 들어가므로 버터양을 늘린다.

Basket tuile 바스켓 튀일 (오븐에 굽는 용)

재료

강력분 1%, 물 1% , 유지 1%, 시즈닝 혹은 향신료와 허브(Optional)

준비물

믹싱볼, 중탕용 냄비와 물 1 L, 거품기, 실리콘주걱, 사각 시트팬
실리콘 베이킹시트, 짤주머니, 보관용 밀폐용기와 건조제

Introduce

1. 믹싱볼에 모든 재료를 섞어준다.

2. 가볍게 섞어 글루텐이 많이 형성되지 않게 한다. 오랫동안 버무리면
   글루텐이 많이 나와 수축해서 모양이 얇게 되지 않는다.

3. 180℃의 오븐에서 15분간 굽는다.

※ 허브는 곱게 갈아서 첨가해야 바스켓 모양이 세련되게 만들어진다.
   보관용 밀폐용기와 건조제를 사용하면 오랫동안 바삭하게 보관할 수 있다.

Cigarette tuile 시가렛 튀일(오븐에 굽는 용)

재료

중력분 100 grams, 설탕(슈거파우더) 150 grams, 달걀 흰자 140 grams, 버터 400 grams

준비물

믹싱볼, 중탕용 냄비와 물 1 L, 거품기, 실리콘주걱, 사각 시트팬, 실리콘 베이킹시트
짤주머니, 보관용 밀폐용기와 건조제

Introduce

1. 믹싱볼에 중탕하여 버터를 녹인다.

2. 1에 모든 재료를 섞는다.

3. 실리콘 베이컨시트에 둥그렇고 얇게 펴놓는다.

4. 180℃의 오븐에서 15분간 구워준다.

5. 식기 전에 나무방망이에 올려 휘게 만든다.

※달지 않게 하려면 설탕을 빼고 전분과 향신료를 설탕의 반만 추가한다.

　보관용 밀폐용기와 건조제를 사용하면 오랫동안 바삭하게 보관할 수 있다.

Hippen masse 히펜마세(오븐에 굽는 용)

　디저트에 주로 사용하는 튀일에는 단맛이 들어간 튀일이나 제과용 히펜마세 등이 있다. 히펜마세
는 부드러운 무스요리에 곁들여 바삭한 질감을 줄 수 있다. 채소즙을 넣어 농도를 묽게 한 뒤 페이스
트리 팩에 넣고 짜서 원하는 형태를 그린 후에 구울 수 있다.

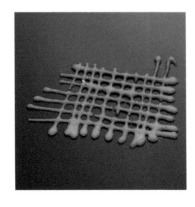

재료

달걀 흰자 200 grams, 중력밀가루 100 grams

Optional: 녹인 버터, 비트즙

준비물

믹싱볼, 거품기, 고운체, 실리콘주걱, 나무 롤러, 사각 시트팬, 실리콘 베이킹시트, 짤주머니, 보관용 밀폐용기와 건조제

Introduce

1. 히펜마세 재료를 준비한다.

2. 믹싱볼에 달걀 흰자를 넣고 거품기로 휘저어 거품낸 다음 밀가루를 고운체에 내려 담는다. 실리콘 주걱으로 잘 섞는다.

3. 30분간 냉장고에서 휴지resting시킨다.

4. 반죽을 나무 롤러로 밀어 얇게 만든 뒤 원하는 크기(1cm×7cm)로 자른다. 가운데는 작은 모양틀을 이용해 구멍을 내준 뒤 지름 0.5cm의 나무막대기에 돌돌 말아 190℃의 오븐에서 3분 정도 구워 바삭 하게 만든다.

※ 채소즙을 이용해 농도를 묽게 한 뒤 기름종이를 깔때기 모양이나 원통형으로 만들어 다양한 모양으로 짜서 그린 후에 구울 수 있다.

(4) 설탕을 이용한 튀일Sugar tuile

Sugar tuile 슈거 튀일(오븐에 굽는 용)

재료

설탕 1,000 grams, 물 350~400 grams, 물엿 100 grams, 주석산액 or 구연산액

준비물

믹싱볼, 중탕용 냄비와 물 1 L, 거품기, 실리콘주걱, 사각 시트팬, 실리콘 베이킹시트, 짤주머니, 보관용 밀폐용기와 건조제

Introduce

1. 소스냄비에 물, 설탕, 물엿을 넣고 중불(시럽온도 95℃ 유지)에서 끓인다.
2. 1에 주석산액을 넣고 중불에서 끓인다.
3. 실리콘 베이컨시트에 부어 얇게 밀어준다.
4. 오븐온도가 200℃가 되면 3을 넣어 10분간 구워 바삭하게 만든다.

White sugar dough tuile 화이트 슈가 반죽 튀일(오븐에 굽는 용)

재료 1

젤라틴, 슈거파우더, 물엿, 물, 젤라틴 시트

Introduce

1. 찬물에 젤라틴 시트를 넣어 5~10분간 불려준다.
2. 믹싱볼에 물, 버터, 물엿을 넣어준다.
3. 중탕하여 2를 잘 혼합한다. 불린 젤라틴의 물기를 짜서 넣은 뒤 잘 혼합한다.
4. 다른 믹싱볼에 슈거파우더를 넣고 3을 부어 찰지게 반죽한다.
5. 작업대에 슈거파우더를 뿌려 좀 더 부드럽고 찰지게 반죽한다.
6. 반죽을 플라스틱 랩에 싸서 마르지 않게 한다.
7. 작업 테이블에 실리콘 패드를 깐 뒤 반죽을 올리고 나무방망이로 얇게 밀어준다.
8. 얇게 민 반죽에 구멍을 뚫어 원통에 말아 굳힌다.

※보관용 밀폐용기와 건조제를 사용하면 오랫동안 바삭하게 보관할 수 있다.

재료 2

슈거파우더 100 grams, 달걀 흰자 20 grams
식용색소(Optional)

Introduce

1. 찬물에 젤라틴 시트를 넣어 5~10분간 불려
   준다.
2. 믹싱볼에 물, 버터, 물엿을 넣어준다.
3. 중탕하여 2를 잘 혼합한 뒤 불린 젤라틴의
   물기를 짜서 넣고 잘 혼합한다.
4. 다른 믹싱볼에 슈거파우더를 넣고 3을 부어
   찰지게 반죽한다.
5. 작업대에 슈거파우더를 뿌리고 좀 더 부드
   럽고 찰지게 반죽한다.
6. 반죽을 플라스틱 랩에 싸서 마르지 않게 한다.
7. 작업 테이블에 실리콘 패드를 깔고 반죽을
   올린 뒤 나무방망이로 얇게 밀어준다.
8. 얇게 민 반죽에 구멍을 뚫어 원통에 말아
   굳힌다.

※ 보관용 밀폐용기와 건조제를 사용하면 오랫동안 바삭하게 보관할 수 있다.

Best gum paste 검 페이스트

재료 3

슈거파우더 900 grams, 달걀 흰자 4 ea(Jumbo eggs), Tylose(Gum–Tex Tylose powder) 12 teaspoons
Vegetable Shortening(마지막에 마르지 않게 코팅용으로 사용)

준비물

믹싱볼, 중탕용 냄비와 물 1 L, 거품기, 실리콘주걱, 사각 시트팬, 실리콘 베이킹시트, 짤주머니, 보관용 밀폐용기와 건조제

Introduce

1. 제과용 믹싱볼에 가장 큰 달걀을 깨어 흰자 4개를 넣고 거품기로 10초 정도 섞어준다.
2. 믹싱볼에 고운체에 내린 슈거파우더 900그램을 넣어준다. 반죽을 치기 위한 슈거파우더 1컵은 남겨놓는다.
3. 천천히 반죽을 섞기 시작한다. 반죽이 되직해지면 반죽기 회전속도를 올려 쳐준다. 8분 정도 반죽을 쳐준다.
4. 작업대에 슈거파우더 1컵을 붓고 반죽을 넣어 손으로 되직하게 쳐준다.
5. 반죽을 플라스틱 랩에 싸서 건조해지지 않게 한다.
6. 작업 테이블에 실리콘 패드를 깔고 반죽을 올린 뒤 나무방망이로 얇게 밀어준다.
7. 얇게 민 반죽을 여러 모양의 조리도구를 사용하여 성형하여 굳힌다.
  ※보관용 밀폐용기와 건조제를 사용하면 오랫동안 바삭하게 보관할 수 있다.

4. 타피오카를 튀겨 만든 가니쉬

카사바는 서인도제도와 남아메리카가 원산지로, 마니오크라고도 하는 뿌리열매이다. 뿌리를 갈아 가루로 만들고 물을 섞어 반죽한 뒤 둥글게 굴려서 말린 후에 구우면 타피오카가 된다. 반죽을 고운 체에 치면 작은 알약모양의 '펄 타피오카'가 만들어진다. 1980년 대만에서 '펄 타피오카'를 넣은 밀크티가 상품화되었다.

Squid black ink tapioca pearl & beet juice tapioca pearl 오징어 먹물 타피오카 펄과 비트주스 타피오카 펄

재료

주재료 : 타피오카 200 grams
오징어 먹물 착색재료 : 오징어 먹물 10 grams
비트색 착색재료 : 농축 비트주스 20 grams
튀김용 오일 : 카놀라유 100 ml

준비물

믹싱볼, 튀김냄비, 실리콘주걱, 사각 시트팬, 실리콘 베이킹시트, 보관용 밀폐용기와 건조제

Introduce

1. 타피오카는 물에 30분간 불린 후 찬물에서 투명해질 때까지 끓여 익힌다.

2. 타피오카는 찬물에 헹궈 전분을 빼고 수분을 날린 후 반은 오징어 먹물과 나머지 반은 비트주스와 골고 루 섞어준다.

3. 섞은 펄은 제과용 유산지나 오븐용 플라스틱 종이에 얇게 깔아 100℃의 오븐에서 2시간 동안 말려준다.

4. 말린 펄은 180℃의 기름에 튀긴다.

※ 비트주스는 불에 올려 약한 불에서 1/2로 조려 진하게 사용하면 선명한 색을 낼 수 있다. 혹은 식용색소를 소량 첨가할 수 있다.
　 먹물을 너무 많이 사용하면 펄이 짤 수 있다.

수프와 샐러드
플레이팅

• 수프는 주요리 전에 나오는 첫 코스이다.
• 수프는 솥에 물을 부어 식재료와 함께 끓이고 남은 기본적인 국물 Broth을 먹던 데서 유래된 요리이다.

• 대부분의 나라에서 수프를 만들어 먹는다. 한국은 죽Juk과 국Guk, 탕Tang을 먹고, 이탈리아는 주파Zuppa, 독일은 주페Suppe, 베트남은 숩Sup, 중앙아시아는 소르파Sorpa를 먹는다.

• 제철 채소와 드레싱의 결합으로 만든 샐러드 한 접시는 아주 작은 노력으로 식탁을 풍성하게 한다.

Food Plating
Technic

수프

수프의 유래는 솥에 물을 부어 식재료와 함께 끓이고 남은 기본적인 국물Broth을 먹던 요리이다. 대부분의 나라에서 수프를 만들어 먹는다. 한국은 죽Juk과 국Guk, 탕Tang을 먹고, 이탈리아는 주파 Zuppa, 독일은 주페Suppe, 베트남은 숩Sup, 중앙아시아는 소르파Sorpa를 먹는다. 모두 비슷한 질감을 가진 액체식의 수프로 오목한 그릇에 담아 먹는다.

1. 수프의 종류

수프는 온도에 따라 따뜻한 수프와 차가운 수프로 나누거나, 수프의 상태에 따라 맑은 수프와 걸쭉한 수프로 구분한다. 나라마다 민속적이며 토속적인 수프로 에스닉 수프Ethnic soup가 있다. 수프는 다양한 식재료의 조합만큼 무한대로 만들 수 있으며 맛을 내는 향신채의 첨가에 따라 고유의 개성을 살려 만들 수 있다.

(1) 따뜻한 수프

물에 소고기, 돼지고기, 생선, 채소를 넣고 끓여 만든다. 살코기를 물에 넣어 끓인 브로스Broth나 콩소메처럼 가볍고 맑은 국물 수프가 있고, 걸쭉하고 건더기가 많이 들어 있는 스튜 같은 느낌의 수프가 있다.

(2) 차가운 수프

익히지 않은 재료를 갈아 차게 만든 수프로 스페인의 가스파초나 중앙아시아의 요구르트 수프 등이 있다.

2. 수프를 만드는 데 필요한 조리도구

수프는 냄비에 식재료와 물을 넣어 만드는 평범한 수프부터 정교하게 만든 복잡한 수프까지 다양하다. 수프를 만드는 데 필요한 도구는 다음과 같다.

(1) 도마와 칼 Chopping board & Knife

조리하기 위해 준비해야 할 가장 기본적인 도구이다. 채소는 녹색 도마, 어패류는 파란색 도마, 고기는 빨간색 도마, 치즈는 흰색 도마, 익은 식재료는 갈색 도마로 구별하여 사용한다.

(2) 계량도구 Measuring equipment & Tool

수프에 들어가는 재료와 양념이 단순하여 눈대중으로 조절하는 경우가 많다. 하지만 계량도구를 사용해야 일정한 맛을 유지할 수 있으므로 계량도구 사용하는 습관을 들여야 한다.

$$1 \text{ ts} = 5 \text{ ml}, \ 1 \text{ TS} = 15 \text{ ml}$$

극소량의 조미료를 사용할 때 엄지와 검지로 집은 분량을 '한 꼬집'이라 하고 엄지와 검와 중지의 세 손가락으로 집은 분량은 '한 자밤'이라고 한다. 저울을 사용하여 자신만의 '한 꼬집', '한 자밤'이 몇 g인지 알고 사용하면 편리하다.

(3) 채소 필러 Vegetable peeler

감자와 당근, 셀러리의 섬유질을 제거하는 데 아주 유용하다.

(4) 소스팬 Sauce pan

재질은 스테인리스로 되어 있고 바닥은 두꺼울수록 좋다. 좋은 소스팬 선택은 요리하는 시간을 즐겁게 한다.

(5) 나무 숟가락 Wooden spoons

재료를 뒤적이거나 섞어줄 때 사용하는 도구이다.

(6) 푸드 프로세서 & 블렌더 Food processor & Blender

푸드 프로세서가 전문가용이라면 블렌더는 가정용으로 손으로 잡고 쓰는 데 편리하다. 퓌레 수프를 만드는 데 필수적인 도구이다.

(7) 거름망 Strainer

퓌레를 곱게 걸러주는 거름망이나 건더기를 건져낼 때 사용하는 체가 있다. 퓌레 수프를 부드럽고 세련되게 만들려면 고운 거름망에 내려주는 작업이 필요하다.

(8) 강판 Grater

재료를 갈 때 사용하는데 보통 치즈덩어리를 갈 때 많이 사용한다.

(9) 마늘 압착기 Garlic press

마늘을 칼로 찹하는 것보다 마늘 압착기를 사용하면 조리시간도 단축되고 매우 편리하다.

(10) 감자 으깨는 기구 Potato masher

감자를 삶아 으깨는 기구에 넣고 눌러주면 쉽게 으깰 수 있다.

3. 육수

수프는 냄비에 식재료와 물을 넣어 만드는 평범한 것부터 정교하게 만드는 복잡한 수프까지 다양하다.

(1) 재료 준비하기

기본 육수 만들기(생산량 1.2L)				
	채소육수	닭고기육수	소고기육수	생선육수
주재료	–	닭고기 1 ea	잡뼈 900g	생선뼈 900g
양파 슬라이스	2 ea	1 ea	1 ea	1 ea
당근 슬라이스	1 ea	1/2 ea	1/2 ea	–
셀러리 슬라이스	1/4 stem	1/4 stem	1/4 stem	1/4 stem
대파 슬라이스	–	–	1/2 ea	1/2 ea
월계수잎	1 leaf	1 leaf	1 leaf	1 leaf
신선한 타임	2 stems	–	2 stems	2 stems
신선한 파슬리 줄기	2 stems	–	4 stems	4 stems
으깬 검은 통후추	1 ts	1 ts	1 ts	1 ts
물	1.7 L	1.7 L	1.7 L	1.3 L

(2) 조리하기

(가) 모든 재료를 냄비에 넣고 찬물을 부어 은근히 끓인다. 거품은 걷어낸다.

(나) 채소스톡은 1시간, 닭고기 육수는 1시간 30분, 소고기 육수는 3시간, 생선육수는 30분간 끓인다.

(다) 육수를 거른 뒤 식혀서 냉장고에 보관한다.

4. 수프 담기

수프를 담아내는 방법은 매우 다양하다. 아마도 수백 가지가 넘을 것이다. 수프 볼에 간단히 담아 낼 수도 있고 수프 위에 토핑이나 가니쉬를 올려 세련된 수프로 만들 수도 있다. 수프요리를 담아낼 때 가장 중요한 것은 수프의 양이다. 멋지게 끓여낸 수프를 자랑하고 싶은 욕심에 가득가득 담아내면 촌스러울 때가 많다. 물론 배고픈 분은 좋아할 것이다. 수프요리를 세련되게 담으려면 담는 양을 잘 조절해야 한다. 접시 높이의 1/4 또는 1/5은 남겨두고 담아내면 안정감 있고 세련된 플레이팅이 될 것이다.

(1) 수프 가니쉬Garnish

가니쉬는 수프에 풍미와 질감을 더하고 평범한 수프를 세련된 수프로 변화시킨다.

(가) 크루통Croûtons

빵을 잘라서 기름에 튀기거나 오븐에 구운 것으로 수프에 얹는 대표적인 토핑이다. 수프를 먹을 때 아삭한 질감을 준다. 난, 치아바타, 포카치아 빵을 네모나게 썰어 크루통을 만들어 사용해도 좋다.

(나) 브루스케타와 작은 크기의 크로스티니Bruschetta & Crostini

바게트나 치아바타를 슬라이스하여 기름을 바르고 노릇하게 구워 만든 브루스케타나 이보다 작은 크기의 크로스티니를 만들어 수프 고명으로 사용한다.

(다) 채소칩Vegetable chips

감자, 고구마, 비트 루트, 당근, 마늘을 얇게 썰어 기름에 튀기거나 오븐에 구워 만든다. 고객에게 수프를 제공하기 직전에 올려 낸다.

(라) 허브Herbs

신선한 바질, 파슬리, 민트, 세이지, 타임, 오레가노 같은 허브를 수프에 올리면 색상, 풍미 등을 좋게 한다. 허브 전체 잎을 올리거나 얇게 채썬 상태, 잘게 다진 형태로 사용한다. 허브꽃을 올리면 더욱 예쁘다.

(마) 칠리 고추Chilli

수프에 얼큰한 맛을 내고 싶다면 다진 칠리 고추를 올리면 된다.

(바) 감귤류Citrus fruits

수프에 감귤류의 독특한 향과 상큼한 풍미를 첨가하길 원하면 오렌지, 레몬, 라임 껍질을 채썰어 올리는 것도 좋다.

(사) 씨Seeds

잘 볶은 잣, 해바라기씨, 호박씨, 호두 등은 수프에 고소한 맛과 씹을 때의 질감, 색감을 더하는 재료이다.

(아) 요구르트Yoghurt

인도 스타일의 매운 수프에 요구르트 토핑은 잘 어울린다. 상큼한 맛과 하얀 색상이 수프를 세련되게 한다.

(자) 크림Cream

양송이 수프와 같은 담색에 크림을 한 스푼 올리면 고소한 맛과 부드러운 식감을 줄 수 있고 보기도 좋다. 크림을 거품내어 올리면 입체감도 줄 수 있다. 저지방크림, 생크림Crème fraiche, 사워크림Sour cream 등이 있다.

(차) 페스토Pesto

지중해식 수프나 채소 수프에 페스토를 사용한다. 수프를 보기 좋게 하고 맛도 향상된다. 페스토를 뿌리고 엑스트라 버진 올리브오일을 살짝 더해주면 수프가 좀 더 섬세한 느낌이 난다. 바질 페스토는 다진 바질잎, 다진 마늘, 다진 잣, 강판에 간 파르메산 치즈, 엑스트라 올리브오일, 소금, 후추를 섞어 만든다.

(카) 살사, 렐리시, 처트니Salsas, Relishes, Chutneys

수프 위에 직접 올려주거나 얇게 썬 토스트 빵이나 바게트 빵에 한 숟갈 올려 수프에 올려주기도 한다.

(타) 가공된 돼지 제품과 생선Ham & Bacon, Fish

파르마 햄Parma ham, 프로슈토Prosciutto는 얇게 슬라이스하거나 찹하여 올려도 되고 프라이팬에 구워 바삭하게 만들어 올려도 좋다. 베이컨Bacon은 잘게 다져서 프라이팬에 볶아 올려도 좋다. 크림수프에 캐비아와 사워크림을 함께 올리면 맛과 세련미를 줄 수 있다. 훈제연어를 작은 사각으로 썰거나 얇게 슬라이스하여 올려주기도 한다.

(파) 치즈Cheese

채소수프에 치즈를 갈아 올려주거나 채소 필러로 얇게 민 것을 올려준다. 혹은 파르메산 치즈 가루를 프라이팬에서 녹여 튀일로 만들어 가니쉬로 사용한다. 염소치즈, 고르곤졸라 치즈 등을 사각형으로 잘라 위에 올릴 수 있다.

(하) 채소를 이용한 샐러드Vegetable salad

토마토, 오이, 피망, 래디시 등을 얇게 슬라이스하거나 작은 사각모양으로 썰어 가니쉬로 사용하거나 양념에 버무려 올리기도 한다. 여러 가지 어린 채소잎과 허브를 올리브오일, 와인식초, 소금, 후추로 버무려 올리기도 한다.

Soup

Menu Name
Bisque Soup with Mix Nuts
견과류를 곁들인 로브스터 수프

Introduce

Focus food

• 로브스터 수프를 끓여 준비한다.

Garnish

• 아몬드는 껍질을 제거하여 굵게 다져놓고 칙피스는 익혀 준비한다.

• 소렐과 프리제는 물에 살려 싱싱하게 유지한다.

Plating

• 완성된 수프를 담아내고 준비한 가니쉬를 섬모양 스타일로 담아
  내고 양파 크러시를 뿌려 플레이팅한다.

Ingredients

Focus food

• 로브스터 수프 100 grams

Garnish

• 아몬드 10 grams

• 칙피스 5 ea

• 소렐 1 ea

• 프리제 10 grams

• 양파 크러시 5 grams

Soup

Menu Name
Fresh Asparagus & Pea Soup with Crispy Vegetable

바삭한 채소를 곁들인 아스파라거스와 완두콩 수프

Introduce

Focus food

1. 팬에 버터를 두르고 양파를 볶는다.
2. 치킨스톡을 넣고 쌀을 넣은 후 중불에서 끓여낸다.
3. 마지막에 데쳐낸 아스파라거스와 완두콩을 넣고 끓인 후 믹서기
   에 간 뒤 고운체에 걸러낸다.
4. 소금, 후추로 간을 하여 접시에 담아낸다.

Garnish

• 연근, 양파 등을 얇게 썰어 70℃의 오븐에서 약 90분간 구워낸다.

Plating

• 완성된 수프를 접시에 담아내고 말린 채소와 새싹채소를
  수프 가장자리에 보기 좋게 장식하여 놓는다.

Ingredients

Focus food

• 아스파라거스 100 grams
• 완두콩 60 grams
• 양파　30 grams
• 버터 15 grams
• 쌀 10 grams
• 치킨스톡 300 grams
• 소금, 후추

Garnish

• 새프런 쿠스쿠스 50 grams
• 식용꽃(구름패랭이) 3 ea
• 슈가피순 2 grams
• 절인 고추 1 ea

Soup

Menu Name

Sweet Pumpkin Soup with 3 Colors Tuile

3색 튀일로 가니쉬한 단호박 수프

Introduce

Focus food

• 단호박 수프를 끓여 준비한다.

Garnish

• 3가지 튀일을 만들어 준비한다.

• 금잔화잎을 따서 물에 살려 싱싱하게 유지한다.

• 사워크림을 짤주머니에 담아 준비한다.

Plating

• 완성된 수프를 담아 3색 튀일을 올린 뒤 사워크림을 짜서 금잔
화잎을 올려 가니쉬하여 플레이팅한다.

Ingredients

Focus food

• 단호박 수프 100 grams

Garnish

• 3색 튀일 1 ea씩 (*pp. 111–112 참고)

• 금잔화잎 1 ea

• 사워크림 10 grams

Cold potato soup

Menu Name

Vichyssoise Soup with Saute Mushroom, Crouton and Edible Flower

구운 버섯, 크루통과 식용꽃을 곁들인 차가운 감자 수프

Introduce

- 감자 수프는 농도를 풀고 차갑게 식혀둔다.

Garnish

- 느타리버섯, 양송이버섯, 아스파라거스는 팬에 기름을 두르고 소금, 후추로 간을 해서 볶아둔다.

Plating

- 차가운 수프를 담고 볶은 양송이를 중앙에 올린 뒤 크루통, 리코타 치즈, 꽃을 올려 마무리한다.

- 섬모양 스타일이다. 차가운 프랑스식 감자 수프 비시수아즈 Vichyssoise로 감자와 흰색의 대파를 넣어 만든 차갑고 달콤하고 고소한 수프다. 특히 구운 버섯과 크루통 그리고 리코타 치즈를 곁들여 크리미한 느낌을 살린 차가운 감자 수프의 일종이다.

Ingredients

Focus food
- 감자 수프 100 grams

Garnish
- 느타리버섯 2 ea
- 양송이버섯 1 ea
- 식용꽃(보리지) 1 ea
- 베이비 아스파라거스 2 ea
- 크루통 3 ea

Soup

Menu Name

Fresh Yoghourt & Cheese Soup with Mint Flavour

민트향의 요구르트와 치즈 수프

Introduce

Focus food

1. 팬에 기름을 두르고 양파, 대파를 볶는다.

2. 채소스톡을 넣고 감자와 요구르트를 넣은 후 중불에서 끓인다.

3. 마지막에 치즈와 민트를 넣고 끓인 후 믹서기에 갈아 고운체에 걸러낸다.

4. 소금, 후추로 간을 하여 접시에 담아낸다.

Garnish

• 식용꽃은 물에 담가 싱싱하게 살려둔다.

• 새프런 쿠스쿠스를 만들어 준비한다.

Plating

• 접시 가장자리에 쿠스쿠스를 올린 뒤 수프를 담아내고 식용꽃을 비롯한 나머지 재료로 장식하여 플레이팅한다.

Ingredients

Focus food

• 플레인요구르트 100 grams

• 카망베르 치즈 60 grams

• 양파 10 grams

• 대파 5 grams

• 민트잎 1 ea

• 감자 30 grams

• 채소스톡 200 grams

• 올리브오일 15 grams

• 소금, 후추(option)

Garnish

• 새프런 쿠스쿠스 50g(*p. 77 참고)

• 식용꽃(구름패랭이, 금잔화, 베고니아) 3 ea

• 민트잎 2 ea

샐러드

샐러드는 에너지로 꽉 채워진 제철채소와 소금, 식초, 올리브오일을 버무려 만든 음식이다. 채소 외에도 햄은 물론 고기와 생선도 듬뿍 얹어 푸짐한 메인요리급 샐러드를 만들 수 있다. 샐러드는 라 틴어 소금이라는 뜻의 'Sal'에서 파생되어 'Salad'가 되었다.

1. 샐러드의 구성요소

샐러드는 제철채소Vegetable와 고기·생선 등의 메인 디시 같은 바디Main ingredient, 그리고 부재료 Sub ingredient, 드레싱Dressing, 가니쉬Garnish로 구성된다.

(1) 제철채소

다른 책에서는 채소를 베이스Base로 표현하였지만 저자는 베이스로 하지 않고 그대로 제철채소로 언급하였다. 왜냐하면, 해산물 샐러드 혹은 파스타 샐러드의 경우 제철채소가 베이스가 되지 않기 때문 이다.

에너지로 꽉 채워진 제철채소는 건강하지 못한 식생활로 피곤해진 육체를 건강하게 만든다.

제철채소를 다양한 드레싱과 함께 고기·생선을 듬뿍 담아 보기에도 만족스럽고 양도 많은 메인 디시급 샐러드를 만들어본다. 샐러드는 신선한 상태의 생채소로 만들거나 삶거나 찌거나 구워 익힌 채소로 만들 수 있다. 생채소, 익힌 채소의 맛을 즐길 수 있다.

(2) 바디 1(주재료)

바디는 주재료와 부재료로 이루어지는데, 주재료는 샐러드의 가장 대표적인 재료가 되는 것으로 육류, 가금류, 생선류, 치즈, 과일, 채소 등이다.

(3) 바디 2(부재료)

부재료는 주재료에 향, 맛, 질감 등을 첨가할 수 있는 재료로 햄은 물론 통조림이나 과일 등이 있다.

(4) 드레싱

드레싱의 기본이 되는 기름, 식초, 소금에 스파이스와 허브 등을 넣어 나만의 드레싱을 만든다. 드레싱은 샐러드에 향미와 수분을 증진시키기 위해 사용한다.

(5) 가니쉬

가니쉬는 샐러드를 보기 좋게 하고 맛있는 식감을 주기 위한 것으로 크루통, 구운 베이컨, 식용꽃 등이 있다. 다른 재료들과 궁합이 잘 맞아야 하고 다양한 질감과 색상을 줄 수 있어야 한다. 볶은 너츠나 구운 베이컨, 파마산 치즈, 생햄은 샐러드에 악센트를 주어 다양한 즐거움을 준다.

2. 샐러드 푸드 플레이팅

제철채소에 다양한 재료를 드레싱에 버무린 샐러드는 색채적인 균형, 영양적인 균형, 질감과 형태의 균형을 고려해야 한다. 가장 보편적인 샐러드 담기는 둔덕 스타일Mound style과 입체감을 줄 수 있는 스택 스타일Stack style이다.

Cheese Plating

- 치즈는 와인과 어울리는 최고의 식재료이다.

- 미식가에게 최고의 기쁨을 주는 디저트이기도 하고 영양이 필요한 사람에게는 완전식품이다.

- 치즈는 제공되는 콘디먼트 Condiment 와 궁합이 맞아야 하고 얇게 썬 과일, 견과류로 푸드 플레이팅을 하게 된다.

Food Plating
Technic

치즈 플레이팅

치즈는 와인과 어울리는 최고의 식재료이다. 또한 미식가에게 최고의 기쁨을 주는 디저트이기도 하고 영양이 필요한 사람에게는 완전식품이기도 하다.

치즈는 크림맛, 짠맛, 버터맛, 담백한 맛, 상큼한 맛, 풍성한 맛, 톡 쏘는 맛, 자극적인 맛, 미묘한 맛 같이 다양한 맛을 지닌다. 이러한 치즈의 다양한 맛에 맞는 곁들임 식재료를 선정하여 플레이팅할 수 있다면 당신은 이미 훌륭한 미식가이다.

치즈는 유럽에서 즐겨 먹는 음식이다. 이들은 아침부터 저녁 정찬 메뉴까지 항상 테이블에 준비되어 있다. 유럽의 몇몇 나라에서 치즈를 식사의 마지막에 제공한 것이 우리나라에 알려져 우리는 치즈가 단지 디저트로만 제공되는 것으로 잘못 알고 있다. 하지만 문헌 연구를 통해 확인한 결과 19세기 중반 이전까지 코스 마지막에 치즈 제공은 없었다. 19세기 중반 이후에는 유럽에서 디저트로 치즈 보드Cheese board에 담겨 제공되었다.

현재 치즈는 중간 코스로 혹은 와인과 함께 제공되기도 하고 뷔페 요리로 한 부분을 차지하기도 한다. 식사 용도에 맞게 다양한 치즈 담기를 할 수 있다.

좋은 치즈 플레이팅 방법은 치즈의 맛, 국가별, 경도별 색상을 배려하여 다채롭게 담는 것이다. 치즈 풍미에 따라 어울리는 콘디먼트Condiment를 선별해서 곁들여야 한다. 콘디먼트Condiment로는 얇게 썬 과일, 견과류, 건포도, 잼, 꿀 등이 있다.

1. 치즈 플레이팅 방법

치즈 플레이팅에는 일정한 규칙이 없지만 일반적으로 조리사 혹은 조리장이 준수하는 몇 가지 표준이 있다. 나에게 기준이 있는지 묻는다면 나는 내가 좋아하는 치즈와 곁들임을 나만의 스타일로 담는다고 말할 것이다.

(1) 치즈는 3~5가지의 다양한 종류를 같이 담는다

치즈는 단단한 것을 먼저 썰고 뭉개지기 쉬운 것의 순으로 썬다. 그렇게 하면 치즈들이 서로 부딪치지 않아 치즈 맛을 섞이지 않게 담을 수 있다. 담을 때 단단하고 정교하게 썬 치즈를 놓고 브리치즈, 고르곤졸라처럼 형태가 뭉개지기 쉬운 치즈는 나중에 놓는다. 곁들임으로는 견과류, 올리브, 프로슈토를 사용한다.

(2) 치즈의 맛과 향에 어울리는 콘디먼트Condiment를 곁들인다

마스카르포네 치즈에는 계절 과일과 비스킷, 꿀이 어울리고, 페타치즈에는 올리브와 고추절임, 크래커가 어울린다. 브리치즈에는 무화과잼, 오렌지 마멀레이드가 궁합이 맞다.

(3) 치즈는 포장지와 함께 담아 이국적인 이미지를 연출한다

치즈 포장지에는 만든 나라와 회사의 이국적이고 독특한 디자인이 담겨 있으므로 한두 개 정도의 포장지를 살려 담으면 이국적인 분위기를 연출할 수 있다.

(4) 치즈 전용도구를 옆에 놓아 세련미를 연출한다

치즈 전용도구로는 치즈 나이프와 포크, 그리고 치즈 그레이터가 있다. 이 소도구를 치즈 옆에 놓아 멋지게 연출할 수 있다.

(5) 오감이 조화를 이루게 담는다

단맛은 짠맛과 잘 어울린다. 짠맛 나는 치즈와 햄, 살라미 옆에 단맛 나는 과일을 놓아준다. 핑크페퍼는 핑크색으로 색이 아름답고 후추향이 좋다. 따라서 곁들임인 살라미 위에 살짝 뿌려 핑크색을 강조하고 후추향이 나도록 하면 세련된 연출을 할 수 있다.

(6) 시각적 질감과 입안의 질감을 고려하여 곁들임을 놓는다

입안에 바삭한 질감을 주기 위해 크래커와 바게트를 치즈 옆에 놓아준다.

(7) 냉장고에 차갑게 굳혀 단단한 상태로 썬다.

연질치즈인 브리치즈는 냉장고에 보관하여 차갑게 굳혀서 깨끗하게 썬다. 상온에 보관 중인 브리치즈는 썰 때 칼에 들러붙어 형태가 뭉개지기 때문이다.

2. 치즈와 어울리는 부재료

(1) 육류Meats

치즈에 곁들이는 육류는 매우 다양하다.

살라미Salami는 1730년경부터 만들어 먹었던 이탈리아식 말린 소시지로 '소고기나 돼지고기에 동물성 지방과 소금 간을 세게 하여 건조시킨 소시지'이다. 이탈리어로 '살라메Salame'라고 하는데 소금을 뜻하는 '살레Sale'에 접미사 '아메Ame'를 합친 것으로 '소금에 절인 고기'라는 뜻이다. 짭짤한 감칠맛이 와인, 치즈와 잘 어울린다.

프로슈토와 하몽Prosciutto/jamon serrano은 소금에 절여 장기간 건조하여 숙성시킨 돼지의 뒷다리로 제조한 햄Ham이다. 스페인의 하몽Jamón은 포르투갈의 '프레준투Presunto', 이탈리아의 '프로슈토 Prosciutto'와 거의 비슷한데 단지, 하몽이 최대 18개월 더 오래 숙성시킨다. 하몽은 얇게 썰어 샐러드, 샌드위치에 넣거나 치즈 옆에 놓아 와인과 함께 먹는다.

• **표** • 스페인 생햄인 하몽의 종류

분류		세분류		특성
스페인	흑돼지 이베리코 돼지로 만든 생햄 하몽Jamón		• 하몽 이베리코Jamón Ibérico	• 이베리아반도에서 사육 • 흑돼지 품종인 이베리코 돼지 • 발목이 검음
		상위	• 하몽 이베리코 데 베요타 Jamon Ibérico de Bellota	• 최상급 하몬 • 도토리숲에서 방목하며 도토리를 먹여 키운 돼지 • 전체 하몽 생산량의 3%로 극소량
		중간	• 하몽 이베리코 데 레세보 Jamón Ibérico de recebo	• 베요타 아래 등급 • 도토리와 곡물을 먹여 방목
		보통	• 하몽 이베리코 데 세보 캄포 Jamón ibérico de cebo campo	• 곡물을 먹여 방목
	백돼지로 만든 하몽Jamón		하몽 세라노 Jamón serrano (하몽 리세르바 Jamón reserva)	• 백돼지로 만든 가장 대중적인 햄 • 하몽 이베리코보다 저렴 • 산악지대에서 키움

(2) 과일Fresh fruits

제철과일 중 가장 맛있는 상태의 과일을 사용하여 치즈 옆에 놓아준다.

(3) 달콤한 스프레드 소스Sweet spread sauce

설탕절임한 소스나 잼, 꿀은 짠맛의 치즈 및 생햄 등과 잘 어울린다.

무화과 스프레드Fig spread, 구스베리잼Gooseberry jam 등이 있다.

(4) 탄수화물Carbohydrate

사워도우 바게트 슬라이스, 견과류를 올려 만든 크래커 등이 있다.

(5) 견과류, 말린 과일, 그리고 피클Nuts, dried fruits, and pickles

치즈 곁들임으로 시각적 질감과 입안에 질감을 주는 식재료로는 견과류, 말린 과일, 피클 등이 있다.
바삭한 견과류, 쫄깃한 식감의 말린 과일, 피클은 치즈와 잘 어울린다.

• **표** • 치즈와 어울리는 부재료

치즈 분류	대표 치즈	치즈의 맛과 특성	어울리는 부재료
블루치즈같이 톡 쏘는 맛과 크림맛이 강한 치즈 종류 Funky	세계 3대 블루치즈 Gorgonzola(이탈리아) Stilton(영국) Roquefort(프랑스)	• 푸른 색상의 곰팡이균 • 강하거나 불쾌한 냄새가 나는 치즈 • 크림을 많이 함유함 • 부드러운Soft 치즈 종류	• 과일 • 견과류 • 크래커 • 꿀 • 자두잼
오래 숙성시킨 치즈 종류 Aged	Cheddar cheese Gouda cheese	• 단단한 강도의 치즈	• 프로슈토 • 꿀Bee raw honey • 살구, 사과 • 짭쪼름한 크래커 • 호스래디시 잼
딱딱하지도 단단하지도 않은 치즈 종류 Soft	Goat cheese	• 더블 혹은 트리플Double or Triple 크림맛	• 천도복숭아Nectarine • 플루오트Pluot(살구와 자두를 교배해서 만든 자두) • 블랙베리 • 살라미 • 베리잼, 체리잼 • 처트니, 마멀레이드
단단한 치즈 종류 Hard	Manchego Parmigiano-Reggiano	• 딱딱하고 단단한 강도 • 크리스털 혹은 모래알 질감	• 만체고Manchego(스페인 돈키호테의 고향인 라만차 평원에서 양젖으로 가열 압착한 숙성치즈) • 바게트 슬라이스 • 체리 • 양겨자
신선한 치즈 종류 Fresh	Coupole Ricotta Fresh goat cheese Fresh mozzarella Farmer's, fresh Mozzarella	• 신선한 느낌	• 쿠폴Coupole은 표면이 눈 덮인 돔과 닮았다고 해서 이름 붙여짐 • 블루베리 • 체리 • 건무화과 • 바게트 슬라이스 • 프로슈토 생햄

치즈 담기

치즈를 담기 전에 도화지에 이미지를 스케치하고 색을 입혀본다. 이것을 벽에 붙여놓고 보면서 치즈를 담는다. 사전에 이렇게 연습하면 언제나 완성도 있는 치즈 담기를 할 수 있다.

1. 접시형태에 따른 치즈 플레이팅

접시에 따라 치즈 플레이팅 이미지가 바뀔 수 있다. 치즈 접시모양에 따른 치즈 플레이팅은 다음과 같다.

(1) 사각형 · 직사각형 접시에 담는 치즈 플레이팅

(가) 사각형의 접시에 직선모양으로 연출한 스타일

(나) 직사각형의 접시에 S자 모양으로 연출한 스타일

(다) 사각형의 접시에 곡선과 직선 모양으로 연출한 스타일

(라) 사각형의 접시에 곡선모양으로 연출한 스타일

(마) 사각형의 접시에 곡선모양과 소도구로 연출한 스타일

(바) 사각형의 접시 가운데 센터피스를 두고 직선모양으로 연출한 스타일

(2) 원형 · 타원형 접시에 담는 치즈 플레이팅

(가) 원형의 접시에 곡선모양과 소도구를 배치한 스타일

(나) 원형의 접시에 곡선과 직선 두 가지 모양으로 연출한 스타일

(다) 원형의 접시에 곡선모양으로 연출한 스타일

(라) 타원형의 접시에 치즈가 대칭Symmetry을 이루도록 연출한 스타일

팔자형 콜드 플레이트에
S자 곡선을 사용한 스타일

Ingredients

Focus food
- 카망베르 치즈 40 grams
- 파마산 치즈   40 grams
- 에멘탈 치즈 40 grams
- 그뤼에르 치즈 40 grams

Garnish
- 청포도 2 ea
- 사과 20 grams
- 반건조무화과 1 ea
- 구운 호두 4 ea

Introduce

- 치즈 칼을 이용하여 커팅하고 그뤼에르 치즈를 얇게 슬라이스하여 고깔로 만 뒤 반건조무화과를 넣는다.
- 타원형 접시에 라인을 살려 치즈를 담고 청포도, 호두, 사과로 플레이팅하여 완성한다.

사각형 콜드 플레이트 가운데 센터피스를
놓고 직선으로 연출한 스타일

Ingredients

Focus food
- 카망베르 치즈 40 grams
- 파마산 치즈 40 grams
- 에멘탈 치즈 40 grams
- 체더치즈 슬라이스 1 ea
- 무색소 체다치즈 슬라이스 1 ea

Garnish
- 건살구 1 ea
- 아이비 크래커 3 ea
- 구운 호두 4 ea

Introduce

- 치즈 칼을 이용하여 커팅하고 슬라이스 체더치즈 2종류는 전자레인지에 넣고 1분간 돌려 치즈 크래커를 만든다.
- 정사각형 접시에 라인을 살려 치즈를 담고 건살구, 아이비 크래커, 구운 호두로 플레이팅하여 완성한다.

직사각형 콜드 플레이트 가운데 센터피스를 놓고 직선으로 연출한 스타일

Ingredients

Focus food
- 카망베르 치즈 40 grams
- 파마산 치즈 40 grams
- 블루치즈 30 grams
- 체더치즈 슬라이스 1 ea
- 무색소 체더치즈 슬라이스 1 ea

Garnish
- 건살구 1 ea
- 아이비 크래커 3 ea
- 구운 호두 4 ea
- 크랜베리 3 ea

Introduce

- 치즈 칼을 이용하여 커팅하고 슬라이스 체더치즈 2종류는 전자레인지에 넣고 1분간 돌려 치즈 크래커를 만든다.
- 직사각형 접시의 가운데를 센터피스로 가니쉬하고 대각선 라인을 살려 치즈를 담은 뒤 건살구, 아이비 크래커, 크랜베리, 구운 호두로 플레이팅하여 완성한다.

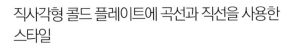

직사각형 콜드 플레이트에 곡선과 직선을 사용한 스타일

Ingredients

Focus food
- 카망베르 치즈 40 grams
- 파마산 치즈 40 grams
- 블루치즈 30 grams
- 그뤼에르 치즈 40 grams
- 에멘탈 치즈 40 grams

Garnish
- 믹스너트 20 grams
- 식용꽃(베고니아) 1 ea
- 구운 호두 2 ea
- 사과 20 grams

Introduce

- 치즈 칼을 이용하여 치즈를 커팅한다.
- 직사각형 접시의 가운데를 센터피스로 가니쉬하고 곡선과 직선 스타일로 치즈를 담고, 구운 호두, 사과 슬라이스, 믹스너트, 식용꽃으로 플레이팅하여 완성한다.

사각형 콜드 플레이트에 직선만 사용한 스타일

Ingredients

Focus food
- 과일크림치즈 40 grams
- 체더치즈 40 grams
- 훈제치즈 30 grams
- 그뤼에르 치즈 40 grams

Introduce

- 치즈 칼을 이용하여 치즈를 커팅한다.
- 정사각형 접시에 직선 스타일로 치즈를 담고 플레이팅하여 완성한다.

정각형 콜드 플레이트에 곡선으로
연출한 스타일

Ingredients

Focus food
- 브리치즈 80 grams
- 체더치즈 40 grams
- 그뤼에르 치즈 80 grams

Garnish
- 식용꽃(팬지) 2 ea
- 레드프릴 10 grams

Introduce

- 치즈 칼을 이용하여 치즈를 커팅한다.
- 정사각형 접시에 곡선으로 소도구(꼬치)를 활용하여 치즈를 담고 팬지꽃과 레드프릴로 색감을 살려 플레이팅하여 완성한다.

원형 콜드 플레이트에 곡선과 직선을 같이 사용한 스타일

Ingredients

Focus food
- 체더치즈 40 grams
- 그뤼에르 치즈 40 grams
- 브리치즈 80 grams
- 훈제치즈 80 grams
- 과일크림치즈 60 grams

Garnish
- 믹스너트 20 grams
- 식용꽃(베고니아) 1 ea
- 딸기 3 ea
- 크랜베리 20 grams

Introduce

- 치즈 칼을 이용하여 치즈를 커팅한다.
- 원형 접시의 가운데를 믹스너트로 가니쉬하고 곡선과 직선 스타일로 치즈를 담은 뒤 딸기를 돌려 담고 플레이팅하여 완성한다.

직사각형 나무 플레이트에 직선과 곡선으로 연출한 모둠 스타일

Ingredients

Focus food
- 에멘탈 치즈 100 grams
- 그뤼에르 치즈 100 grams
- 브리치즈 200 grams
- 훈제치즈 200 grams
- 과일크림치즈 100 grams

Garnish
- 믹스너트 30 grams
- 청포도 6 ea
- 딸기 3 ea
- 블루베리 6 ea
- 아이비 크래커 6 ea

Introduce

- 치즈 칼을 이용하여 치즈를 커팅한다.
- 나무도마에 직선과 곡선으로 치즈를 담는다. 청포도와 블루베리는 꼬치를 꽂아 담는다. 아이비 크래커, 믹스너트를 담는다.

Fruit Plating

- 제철과일을 사용해야 당도와 조직감이 좋다.

- 과일은 육안으로 확인해서 상품가치가 있어야 한다.

- 이렇게 품질 좋은 과일을 사용해야 좋은 푸드 플레이팅이 된다.

FoodPlating
Technic

과일의 의미

레스토랑에서 음식을 먹은 후 마지막 디저트로 제공되는 것이 과일이다. 디저트는 코스의 마지막 이므로 세련되고 멋있게 담겨 제공되면 고객에게 깊은 감명을 줄 수 있다. 특히, 과일은 담는 모양뿐 만 아니라 과일의 단맛과 향, 색상이 중요하다. 과일의 맛이 좋지 못하면 전체 음식에 대한 평가가 좋 을 수 없다.

과일은 육안으로 확인해서 상품가치가 있어야 하며, 당도, 육질, 조직감이 좋아야 한다. 이러한 품 질 특성이 좋은 과일을 보기 좋게 담는다면 고객도 만족스러워할 것이다.

1. 매월 사용할 수 있는 과일의 종류

매월 제철과일을 사용해야 당도와 조직감이 좋다. 또한 제철과일을 사용해야 레스토랑에서 목표 로 하는 원가율을 맞출 수 있다. 이에 월별 제철과일과 수입과일을 표로 정리하였다.

• **표** • 월별 국내 제철과일과 수입과일

월	국내 제철과일	수입과일	사계절
1월	감귤, 딸기, 금귤, 사과 배, 참다래	미국산 오렌지, 자몽, 아보카도(플로리다산), 석류(이란) 체리(뉴질랜드, 칠레), 망고(태국, 필리핀)	망고스틴(냉동) 람부탄(냉동) 리치(냉동) 파파야 두리안 바나나
2월	감귤, 딸기, 금귤, 사과 배, 참다래	미국산 오렌지, 자몽, 아보카도(플로리다산) 체리(뉴질랜드, 칠레), 망고(태국, 필리핀)	
3월	참다래, 사과, 배	미국산 오렌지, 참다래, 칠레산 포도, 파인애플, 자몽 아보카도(플로리다산), 체리(뉴질랜드, 칠레) 망고(태국, 필리핀)	
4월	참다래, 사과, 배, 체리	미국산 오렌지, 칠레산 포도, 파인애플, 자몽 아보카도(플로리다산), 망고(태국, 필리핀)	
5월	사과, 배	뉴질랜드산 키위, 칠레산 포도, 파인애플, 자몽 아보카도(플로리다산), 체리(캘리포니아 브룩) 망고(대만, 필리핀)	

월	국내 제철과일	수입과일	수입과일
6월	수박, 참외, 멜론	뉴질랜드산 키위, 자몽, 아보카도(플로리다산) 체리(캘리포니아 브룩), 망고(대만, 필리핀)	망고스틴(냉동) 람부탄(냉동) 리치(냉동) 파파야 두리안 바나나
7월	수박, 참외, 멜론 국산 포도(거봉, 청포도, 캠벨 등)	자몽, 아보카도(플로리다산), 체리(워싱턴 빙) 망고(대만, 필리핀)	
8월	수박, 멜론, 자두 천도복숭아, 국산 포도, 햇사과	자몽, 아보카도(플로리다산), 석류(우즈베키스탄) 체리(워싱턴 빙), 망고(대만, 필리핀)	
9월	멜론, 국산 포도	남아공산 오렌지, 파인애플, 자몽 아보카도(캘리포니아산), 석류(우즈베키스탄), 망고(필리핀)	
10월	사과, 배, 단감, 연시	아보카도(캘리포니아산), 석류(우즈베키스탄), 망고(필리핀)	
11월	사과, 배, 단감	미국산 포도, 아보카도(캘리포니아산), 석류(이란) 체리(뉴질랜드, 칠레), 망고(필리핀)	
12월	사과, 배, 단감	미국산 포도, 아보카도(캘리포니아산), 석류(이란) 체리(뉴질랜드, 칠레), 망고(태국)	

원형 플레이트의 가운데 모아 담는 스타일

Ingredients

Focus food
- 멜론 50 grams
- 파인애플 50 grams
- 감 1/8 ea
- 배 1/8 ea
- 포도 1 ea
- 딸기 1 ea

Introduce

- 과일의 볼륨감을 살려 커팅한다.
- 원형 접시에 과일을 곡선으로 담고 색감을 살려 플레이팅하여 완성한다.

원형 플레이트에 소도구와 함께 곡선으로 연출한 스타일

Ingredients

Focus food
- 키위 1 ea
- 파인애플 100 grams
- 청포도 3 ea
- 배 1/8 ea
- 포도 5 ea
- 딸기 3 ea
- 수박 100 grams

Introduce

- 과일의 볼륨감을 살려 커팅하고 수박은 파리지언 나이프를 활용하여 펄을 파서 꼬치를 꽂아 준비한다.
- 원형 접시에 과일을 곡선으로 담고 색감을 살려 플레이팅하여 완성한다.

원형 플레이트의 가운데 센터피스를 두고 원형으로 연출한 스타일

Ingredients

Focus food
- 파인애플 1/2 ea
- 딸기 15 ea
- 포도 20 ea

Garnish
- 식용꽃(팬지) 5 ea

Introduce

- 파인애플을 정선하여 V조각도로 모양을 내서 커팅하고 딸기는 1/4로 썰어 준비한다.
- 원형 접시에 파인애플과 딸기를 돌려 담고 포도를 가운데 센터피스로 올리고 식용꽃과 소도구(꼬치)로 플레이팅하여 완성한다.

사각형 플레이트에 소도구를 활용하여 직선으로 연출한 스타일

Ingredients

Focus food
- 망고 1/2 ea
- 딸기 3 ea
- 멜론 1/8 ea
- 청포도 10 ea
- 블루베리 20 ea

Garnish
- 처빌 10 grams

Introduce

- 과일의 볼륨감을 살려 커팅한다.
- 정사각형 접시에 청포도와 블루베리를 꽂은 뒤 소도구(꼬치)를 활용하여 정선한 과일을 직선으로 연출하여 플레이팅하여 완성한다.

원형 플레이트의 가운데 과일을 원형으로 연출한 스타일

Ingredients

Focus food
- 멜론 1/6 ea
- 청포도 10 ea
- 포도 15 ea

Garnish
- 슈거피순 10 grams
- 식용꽃(팬지) 5 ea

Introduce

- 멜론을 정선하여 대각선으로 속과 껍질을 분리하여 커팅하고, 청포
  도를 조각칼로 별모양으로 파서 준비한다.
- 원형 접시에 정선한 멜론을 중앙에 돌려 담고 센터피스로 포도와 별
  모양 청포도를 올려 식용꽃과 슈거피순으로 색감을 살려 플레이팅
  하여 완성한다.

원형 플레이트의 가운데 과일을 담는 스타일

Ingredients

Focus food
- 수박 100 grams
- 멜론 100 grams
- 망고 1/4 ea
- 블루베리 5 ea
- 라즈베리 3 ea

Garnish
- 애플민트 10 grams
- 식용꽃(팬지) 5 ea

Introduce

- 수박을 정선하여 소나무 모양으로 코팅하고 파리지언 나이프를 활
  용하여 멜론, 망고를 펄을 파서 준비한다.
- 원형 접시에 정선한 수박을 담고 그 위에 정선한 과일을 올린 뒤
  애플민트와 식용꽃으로 색감을 살려 플레이팅하여 완성한다.

사각형 플레이트에 소도구와 함께 곡선으로 연출한 스타일

Ingredients

Focus food
- 수박 300 grams
- 멜론 1/4 ea
- 키위 1 ea
- 블루베리 10 ea
- 오렌지 1 ea
- 딸기 4 ea

Garnish
- 식용꽃(팬지) 5 ea

Introduce

- 과일을 볼륨감을 살려 커팅하고 수박은 파리지언 나이프를 활용하여 펄을 파서 꼬치를 꽂아 준비한다.
- 직사각 접시에 과일을 곡선으로 담고 식용꽃으로 색감을 살려 플레이팅하여 완성한다.

사각형 플레이트의 가운데 과일을 두고 직선과 곡선으로 연출한 모둠 스타일

Ingredients

Focus food
- 수박 500 grams
- 멜론 1/4 ea
- 키위 1 ea
- 오렌지 1 ea
- 딸기 4 ea
- 파인애플 300 grams
- 청포도 10 ea
- 배 1/4 ea
- 포도 10 ea
- 딸기 3 ea
- 자몽 1/4 ea
- 바나나 1/2 ea

Garnish
- 식용꽃(팬지) 5 ea
- 슈거피순 10 grams

Introduce

- 과일의 볼륨감을 살려 커팅하여 준비한다.
- 직사각형 접시에 멜론으로 가운데 센터피스를 두고 과일을 직선과 곡선의 모둠으로 담아 식용꽃과 슈거피순으로 색감을 살려 플레이팅하여 완성한다.

Aspic

- 투명한 느낌의 물이나 육수, 생선육수, 채소스톡에 젤라틴Gelatin을 넣고 녹여 투명하게 굳힌 것을 아스픽이라고 한다. 이것을 녹여 고기, 닭, 생선, 채소를 코팅하는 것을 아스픽처리한다고 한다.

- 전시용 음식을 할 때 필요한 것이 아스픽Aspic 지식 및 아스픽 코팅 처리방법, 전시용 요리 담기 기술이다.

FoodPlating
Technic

1. 전시용 푸드

　요리에 흥미를 갖고 조리를 배우기 시작하는 학생들은 요리대회에 참가해서 수상하는 것이 꿈이다. 대회에 나가기 위해 조리기술과 지식을 배우고 싶어하고 자기주도학습을 하게 된다. 이를 통해 조리에 대해 많은 것을 스스로 터득하게 되고 조리기술과 지식이 자신의 세포 하나하나에 새겨지게 된다. 라이브 요리대회에 참가해도 전시용 음식을 한 세트 제출하게 되는데 이때 필요한 지식과 기술이 아스픽Aspic 및 음식의 아스픽 코팅처리방법, 전시용 요리 담기 기술이다.

2. 아스픽의 이해

1. 아스픽이란?

　투명한 느낌의 물이나 육수, 생선육수, 채소스톡에 젤라틴Gelatin을 넣고 녹여 투명하게 굳힌 것을 아스픽이라고 한다. 이것을 녹여 고기, 닭, 생선, 채소를 코팅하는 것을 아스픽 처리한다고 한다.

　아스픽 처리의 목적은 다음과 같다.

　첫째, 생선, 가금류, 고기 등이 공기와 접촉되어 건조해지는 것을 막아 촉촉하게 유지하는 데 있다.

　둘째, 공기 중 산소와 결합하여 음식 색이 변하는 것을 막고 음식 표면을 코팅해서 처리하는데 이때 외관상태를 예쁘게 하는 것이다. 클래식 요리인 테린, 파테, 치킨 갤런틴을 슬라이스하여 아스픽 처리하고, 아스픽 처리에 사용하는 주재료는 젤라틴Gelatin과 한천Agar-agar이다.

2. 젤라틴

　젤라틴은 동물의 힘줄, 연골, 가죽 등을 물에 넣어 은근히 끓여주면 얻을 수 있는 유도 단백질의 일종이다. 젤라틴은 판상 젤라틴과 가루 젤라틴의 두 종류가 있다.

3. 한천

한천은 우뭇가사리를 가공해서 만든다. 우뭇가사리에 물을 넣고 끓이면 걸쭉한 즙이 나오는데, 이것을 말리면 한천이 된다. 한천의 끈기는 아이스크림, 젤리의 형태를 유지하는 데 사용된다.

4. 젤라틴과 한천의 비교

젤라틴은 무미, 무향, 무칼로리이다.

한천은 저칼로리식품이고 식이섬유가 풍부해서 포만감을 주며 장의 연동운동을 좋게 하여 장 청소를 도와주는 건강식품이다.

낮은 온도에서 젤라틴이 한천 젤리보다 잘 굳는다. 그리고 13℃ 이상에서는 젤라틴이 한천 젤리보다 잘 녹아 단단한 코팅이 어렵다. 젤라틴의 이러한 성질로 찬 음식에만 사용할 수 있다. 한천은 젤라틴에 비해 고온에서 젤리상태로 사용할 수 있다. 그래서 조리사들은 한천과 젤라틴을 1:4로 배합하여 중성의 성질을 지닌 아스픽을 만들어 사용하기도 한다.

투명감은 젤라틴이 한천보다 더 좋다.

입안에서의 부드럽게 녹는 감촉도 젤라틴이 한천보다 더 좋다.

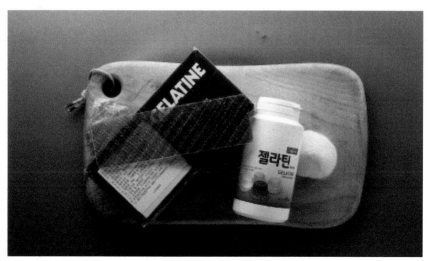

그림 판상 젤라틴(좌)과 가루 젤라틴(우)

5. 아스픽 코팅을 위한 준비

(1) 주방

파테, 테린 등에 아스픽 코팅을 작업하는 곳은 실내온도가 18℃가 유지되는 가르드망제 주방이다. 가르드망제 주방은 작업테이블, 냉장고, 중탕을 할 수 있는 가스레인지가 준비되어 있다.

가르드망제 주방은 작업에 필요한 넓은 공간과 작업대가 있어 연회행사에 쓸 아스픽 코팅 음식을 대량으로 생산할 수 있다.

(2) 아스픽 코팅을 위한 도구

믹싱볼, 스테인리스 냄비, 국자, 계량컵, 전자저울, 스테인리스 체, 실리콘 붓, 스프레이통, 개인 온도계, 거품기, 스티로폼과 나무 꼬챙이, 오프셋 스패츌러, 페어링 나이프, 호텔 팬, 키친타월, 고무장갑, 호일과 비닐 등이 있어야 한다.

(3) 전시요리를 위한 아스픽 코팅시간

아스픽 코팅은 전시요리대회 하루 전에 하는 것이 가장 좋다. 식재료의 상태가 좋고 아스픽의 투명성과 윤기를 최고의 상태로 유지할 수 있기 때문이다.

3. 아스픽 용액의 강도와 과정

1. 아스픽 용액의 강도

젤라틴과 물의 비율에 따라 말랑말랑한 것부터 딱딱한 강도까지 다양한 아스픽을 만들 수 있다. 물에 젤라틴을 넣어 불리는 것을 블루밍Blooming이라고 한다.

아래 그림은 말랑말랑한 상태부터 딱딱한 상태의 아스픽 용액을 만드는 레시피에 대한 설명이다. 이것을 기준으로 용도에 맞는 젤라틴 용액을 만들 수 있다.

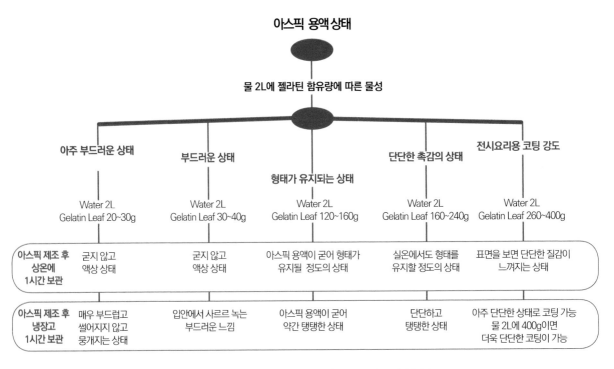

• 출처 : 이종필(부천대학교, 2018), Chef's 푸드 플레이팅, 백산출판사.

2. 아스픽 코팅과정

아스픽 코팅과정은 다음과 같다.

첫 번째는 아스픽 용액 만들기이다.

두 번째는 식재료와 음식에 아스픽 용액으로 코팅해서 냉장고에 굳히는 과정이다.

마지막으로 냉장고에서 굳힌 아스픽 처리된 재료의 지저분한 부위를 따뜻하게 만든 스패츌러를 갖다붙인 뒤 녹여 깨끗한 면으로 처리해 주는 트리밍 작업이다.

아스픽 코팅과정은 이것을 수회 반복해서 아스픽에 일정한 두께로 식재료를 입히는 것이다.

두툼하고 맑으며 공기 방울이 없게 코팅된 식재료는 자체로 세련된 작품이다.

4. 아스픽 용액 만들기와 코팅작업

1. 아스픽 용액 만들기

전시요리대회용은 물 2리터에 젤라틴 260g을 섞어 불린 뒤 설탕 25g을 넣고 섞어 중탕하여 녹여서 아스픽 용액을 만든다. 설탕을 넣어 아스픽 용액을 만들면 잘 마르지 않기 때문이다.

재료

물 2 L, 판상 젤라틴 130 grams, 설탕 25 grams

준비물

가스레인지, 냄비, 믹싱볼, 국자, 체

Introduce

(1) 계량과 젤라틴 불리기

(가) 전자저울에 믹싱볼을 올린 후 영점에 맞춘 뒤 물 2kg, 젤라틴가루 130grams, 설탕 25grams을 계량한다.

(나) 믹싱볼에 물과 젤라틴을 넣어 상온에 10~20분간 두면 젤라틴이 불어난다.

(다) 설탕 25g을 넣고 잘 섞어준다.

(2) 중탕하여 녹이기

(가) 냄비 물의 온도를 70℃에 맞춘다.

(나) 재료가 담긴 믹싱볼을 15분간 중탕하면 젤라틴이 녹아 아스픽 용액이 된다.

2. 아스픽 용액의 보관과 코팅 온도

(1) 아스픽 용액은 실온에 그대로 두면 굳어서 아스픽 작업을 할 수 없다. 아스픽 용액을 따뜻하게 보관해야 아스픽 용액이 녹아 있는 상태가 된다. 그래서 아스픽 용액을 워머에 보관하거나 스티로폼 박스 안에 40℃의 물을 채워 중탕해 놓는다.

(2) 아스픽 용액의 온도를 32~36℃로 유지시켜 준다. 주요리 포션은 34~36℃가 적합하며, 채소류는 32~34℃, 허브나 잎채소는 28~32℃가 코팅하기 좋은 적정 온도이다.

(3) 아스픽 용액을 66℃로 2시간 이상 중탕해 놓으면 광택이 현저히 떨어지기 때문에 2시간 안에 코팅을 완료한다.

3. 채소류 코팅

(1) 파리지언 나이프와 모양 틀, 칼을 사용하여 원형, 포도, 낙엽, 하트, 물방울 모양 등을 다양하게 만들어 끓는 물에 데쳐 키친타월 위에 올려 물기를 제거한다.

(2) 전문요리용 위생장갑을 착용한 후에 채소를 꼬챙이에 끼워 32~34℃의 아스픽 용액에 담가 1차 코팅한다. 코팅한 후에 스티로폼 박스 뚜껑에 꽂아놓는다.

(3) 2차 코팅한 후 3회 정도 반복한다. 마지막으로 포션에 멍울처럼 덩어리져서 지저분하게 붙어 있는 젤라틴을 트리밍 작업으로 깨끗하게 해준다.

(4) 스티로폼 박스에 담아 플라스틱 랩으로 밀봉한 후 접시에 담기 전까지 냉장고에 보관해 놓는다.

그림 채소 아스픽 코팅작업

4. 주요리 코팅

(1) 주요리의 서빙 포션 재료를 준비한다.

(2) 코팅도구를 준비한다.

중탕한 34~36℃의 아스픽 용액, 국자, 뒤집개, 스패츨러, 온도계 등을 준비한다.

(3) 주요리의 포션을 코팅한다.

주요리의 바디^{Body}를 냉장고에 보관하여 차갑게 해서 젤라틴 용액에 담가 1차 코팅을 하고, 3회 정도 반복한다. 코팅한 포션에 지저분하게 붙어 있는 젤라틴 멍울을 뜨거운 물에 담근 스패츨러로 트리밍한다.

(4) 냉장고에 보관한다.

스테인리스 사각통에 담아 플라스틱 랩으로 밀봉한 후 냉장고에 보관한다. 거리를 생각하여 요리대회 출발 전에 여유 있게 접시에 담는다.

5. 소스 코팅

소스는 액체이기 때문에 식재료보다 아스픽 농도가 더 높아야 한다.

소스에 따뜻한 아스픽 용액을 섞어 접시에 1스푼 담아 냉장고에 10분간 넣어두면 굳는데 이때 농도를 확인한다. 손끝으로 눌러 땡땡한 느낌이면 전시요리에 쓸 소스상태가 좋은 것이다. 데커레이션 스푼이나 실리콘 붓, 기타 도구를 사용하여 접시 가운데 혹은 사이드에 점, 선, 면으로 그림을 그린다.

6. 가니쉬 코팅

가니쉬는 다른 식재료에 비해 면적이 작아 쉽게 마른다. 그렇기 때문에 요리 전시시간에 가깝게 제일 마지막에 코팅해 주거나 스티로폼 박스에 담아 전시장까지 가져가서 전시장에서 담는 것도 좋다. 가니쉬에 기포가 생기지 않게 하려면 아스픽 용액 표면의 기포를 입으로 불어 한쪽으로 몰아준 후 기포가 없는 곳에 가니쉬를 담가 코팅을 한다.

(1) 작은 크기의 재료를 코팅하는 방법

(가) 손가락을 사용해서 코팅하는 방법

전문요리용 위생장갑을 착용하고 손가락의 엄지와 검지를 아스픽 용액에 담가 묻혀준 후 마

・손가락 활용방법 ・작은 붓을 활용한 방법 ・스프레이를 활용한 방법

그림 **세 가지의 섬세한 코팅방법**

이크로 그린Micro green, 어린잎Bay leaf, 허브잎Herb leaf을 살짝 문지르듯 코팅한다.

(나) 작은 붓을 사용하여 표면을 발라주는 코팅방법

작은 붓을 아스픽 용액에 담가 묻혀준 후 마이크로 그린Micro green, 어린잎Bay leaf, 허브잎Herb leaf의 표면에 발라준다.

(다) 아스픽 용액을 담은 스프레이로 분사해서 코팅하는 방법

손가락이나 붓으로 코팅하기 어려운 미세한 코팅작업일 경우에 사용한다. 분무기 안에 충분히 따뜻한 아스픽 용액을 넣어준 후 코팅할 재료나 음식에 뿌려 코팅한다.

부록
푸드 플레이팅 작품

- 롯데호텔 신상품 발표작품 참고
- 워커힐 호텔 요리대회 발표작품 참고
- 서울국제대회 발표작품 참고

FoodPlating
Technic

1-1. 소스 푸드 플레이팅

1-2. 소스 푸드 플레이팅

2-1. 푸드 플레이팅 가니쉬

2-2. 푸드 플레이팅 가니쉬

2-3. 푸드 플레이팅 가니쉬

2-4. 푸드 플레이팅 가니쉬

3-1. 푸드 플레이팅의 좋은 예

3-2. 푸드 플레이팅의 좋은 예

참고문헌

• 이종필(2018). 『Chef's 푸드 플레이팅』. 백산출판사.

• 이종필(2016). 『Chef's 서양조리』. 백산출판사.

• 이종필(2017). 『올 어바웃 파스타』. 백산출판사.

• 이종필(2015). 『올 어바웃 소스』. 백산출판사.

• 이종필(2018). 『서양조리의 기술』. 백산출판사.

• 이종필(2014). 『양식조리 기능사』. 드림포트.

• 최낙원(2014). 『맛이란 무엇인가』. 예문당.

• 김선희(2008). 『꽃의 퓨전 트렌드』. 백산출판사.

• 고범석(2006). 『가드망제의 세계』. 훈민사.

• 고범석 · 이동근 · 안홍(2009). 『서양요리의 세계』. 훈민사.

• 김상희 · 김선희 · 김영갑(2009). 『음식과 색채』. 대왕사.

• 염진철(2011). 『The Professional Cuisine』. No.1, No.2. 백산출판사.

• 제이킴(2018). 『제이킴의 푸드스타일링』. 지식인.

• Machiyama Chiho 저. 용동희 역(2016). 『플레이팅의 기술』. 그린쿡.

• 이순희 · 김덕희(2010). 『테이블&푸드스타일링』. 백산출판사 .

• 김선희 · 김상희 · 이지현(2014). 『푸드스타일링 매뉴얼』. 대왕사.

• 박영순 · 이현주 · 이명은(2011). 『색채 디자인 프로젝트』. 교문사.

• 박연순 · 이현주(2011). 『색채와 디자인』. 교문사 .

• 김주경 · 이언영 · 임미애 · 임은실희(2010). 『컬러 스토리』. 교문사.

• 정현숙 외(2010). 『푸드 비즈니스와 푸드 코디네이터』. 수학사.

• 수잔나 블레이크 저. 구혜영 역(2010). 500 Soups. 민혜련 감수. 세경.

• 히구치 마사키 지음(2015). EVERYDAY SALADS. 학산문화사.

• 교육부(2016). 식문화 콘텐츠 기획 학습모듈(LM1301020508_16v1). 한국직업능력개발원.

• 레오나르드 코렌 저. 박영순 역(2011). 배치의 미학. (주)교문사.

• Elaine Sikorski(2013). COOKING to the IMAGE. USA: John Wiley & Sones, lnc.

• Christopher Styler(2006). WORKING the PLATE. Canada: Houghton Mifflin Harcourt Publishing Company.

저자와의
합의하에
인지첩부
생략

Food Plating Technic+

2019년 8월 20일 초판 1쇄 발행
2024년 1월 20일 초판 3쇄 발행

지은이 이종필 · 조성현
펴낸이 진욱상
펴낸곳 (주)백산출판사
교 정 성인숙
본문디자인 오정은
표지디자인 오정은

등 록 2017년 5월 29일 제406-2017-000058호
주 소 경기도 파주시 회동길 370(백산빌딩 3층)
전 화 02-914-1621(代)
팩 스 031-955-9911
이메일 edit@ibaeksan.kr
홈페이지 www.ibaeksan.kr

ISBN 979-11-89740-69-6 13590
값 15,000원